家庭养花必读书系

观叶花卉养护

从入门到精通

徐帮学 等编

化学工业出版社

·北京·

本书介绍了常见观叶花卉的栽培养护方法，主要内容包括观叶花卉分类、养护基本要求、培养土与营养液配制，以及温度、光照、浇水、通风、施肥、病虫害防治、繁殖等养护知识。除此之外，书中还有多幅观叶花卉插图，是学习、鉴赏、养护观叶花卉不可多得的指导用书，相信喜欢养花的读者一定能从中学到很多知识。

本书通俗易懂，图文并茂，融知识性、实用性为一体，可供园艺花卉爱好者、花卉种植户、花木培育企业员工、花卉园艺工作者阅读使用，也可供高等学校园林专业和环境艺术设计专业的学生、室内设计师、室内植物装饰爱好者及所有热爱生活的读者学习参考。

图书在版编目（CIP）数据

观叶花卉养护从入门到精通/徐帮学等编.—北京：化学工业出版社，2019.10
（家庭养花必读书系）
ISBN 978-7-122-34830-2

Ⅰ.①观… Ⅱ.①徐… Ⅲ.①花卉-观赏园艺 Ⅳ.①S68

中国版本图书馆CIP数据核字（2019）第141265号

责任编辑：董 琳　　装帧设计：刘丽华
责任校对：宋 玮

出版发行：化学工业出版社（北京市东城区青年湖南街13号　邮政编码100011）
印　　装：北京东方宝隆印刷有限公司
787mm×1092mm　1/16　印张11　字数259千字　2019年11月北京第1版第1次印刷

购书咨询：010-64518888　　售后服务：010-64518899
网　　址：http://www.cip.com.cn
凡购买本书，如有缺损质量问题，本社销售中心负责调换。

定　　价：68.00元

版权所有　违者必究

前言

Preface

随着社会的发展，越来越多的人喜欢上了养花。我们知道，花卉不仅能净化空气、美化居室环境，而且还能让人们在养花的过程中达到修身养性的目的。在喧闹的大都市里，在家中养一些花卉，既能让人们放松身心，陶冶性情，还能很好地缓解人们在工作与生活中的各种压力，有益于身心健康。花卉已经成了现代人生活中不可缺少的消费品之一，让人们足不出户便可领略自然风光的美。

养花是一个从难到易的过程，家庭养花最需要掌握的就是一些养花技巧。只有具备一定的养花知识技能，并掌握花卉的生长规律和习性，才能真正养好花。因此，我们特组织编写了《家庭养花必读书系》。

《家庭养花必读书系》包括以下3个分册：《新手养花从入门到精通》《观叶花卉养护从入门到精通》《多肉花卉养护从入门到精通》。本丛书的编写目的是满足大多数读者需求，从简单易养的花卉写起，提供基本的理论依据和技术指导，以提高大家对每一种花卉特征的认知，并掌握一些基本的养护方法。本丛书是花卉爱好者和园艺从业人员的最佳指南，即使你是一名养花新手也能一读就懂，对养护方法一看就会。

本丛书文字精练，叙述新颖有趣，将每种花卉相关的知识点一一列出，使读者阅读起来一目了然。书中精美的图片直观形象地展示了各种花卉的外貌特征，可以指导读者有针对性地认识和选择自己喜爱的花卉。

本丛书可供大众读者、园艺花卉爱好者、花卉种植户、花木培育企业员工、花卉园艺工作者及相关技术人员、室内设计师、室内植物装饰爱好者、高等学校园林专业和环境艺术设计专业的学生等使用，是一套实用性强，极具指导意义的园艺工具用书。

在本丛书的编写过程中，得到了许多同行和朋友的帮助，在此我们感谢为本丛书的编写付出辛勤劳动的各位编者。参与本丛书编写的人员如下：徐帮学、田勇、徐春华、侯红霞、袁飞、常少杰、李楠、徐长文、张占军、张梓健、闫微微、刘艳、张强等。

由于编者水平有限和时间紧迫，书中疏漏与不足之处在所难免，恳请相关专家或广大读者提出宝贵意见。

编者

2019 年 6 月

Contents / 

Chapter 1

第一章 认识观叶花卉 / 001

Chapter 

第二章 木本类观叶花卉栽培与养护 / 015

Chapter 3

第三章　草本类观叶花卉栽培与养护 / 085

Chapter 1

第一章　认识观叶花卉

一、观叶花卉基本分类

观叶花卉是指以观赏叶片为主的植物，其观赏价值主要在于植物叶片的颜色、形状等方面。观叶花卉已逐渐成为室内绿化装饰最流行的观赏门类之一。

观叶花卉一般都有一定的耐阴性，比较适宜在室内环境下栽培、摆设和观赏。另外，观叶花卉具有观赏周期长、不受季节限制、种类繁多、姿态优美、管理养护方便等特点，是广大花卉爱好者最青睐的盆栽类型。

本书观叶花卉分类是依据其观赏特性和部位形态进行分类，以便读者学习掌握。

1. 根据株形、叶形特点分类

（1）直立状

直立状观叶花卉指的是观叶花卉有明显的主干，直立挺拔，有明显的树形轮廓，能进行独本盆栽或组合盆栽的大型观叶花卉，如南洋杉（图1-1）、巴西木、蒲葵、榕树、橡皮树、竹子等。

图1-1　南洋杉

（2）丛生状

丛生状观叶花卉没有明显的主干，几个枝条同时从基部长出，叶子集中而略带下垂，如春羽等。

（3）莲座状

莲座状观叶花卉的叶子从一个中心生长点周围长出，呈莲座状基生或簇生，叶序排列对称、平滑、放射伸展，有的卷曲，叶形多为披针形，叶色多数为绿色，有的叶心绚丽多彩，如凤梨等。

（4）藤本状

藤本状观叶花卉的枝条细长、柔软、垂挂，姿态婀娜，叶形叶色千姿百态，如绿萝、常春藤、蔓竹、白粉藤等。

2. 根据园艺栽培生态习性分类

（1）木本类观叶花卉

木本类观叶花卉有明显的主干和木本茎，多年生，有明显的树冠，如苏铁、南洋杉、蒲葵、棕榈、鱼尾葵、榕树、五针松、罗汉松、发财树、巴西木、龟背竹、八角金盘、鹅掌柴、橡皮树、槟榔竹、南天竹等。

（2）草本类观叶花卉

草本类观叶花卉没有明显的主干，肉质茎或半木质化，叶单生、丛生或簇生，低矮，没有冠形，当年生或多年生，如凤梨、虎耳草、吊兰、西瓜皮椒草、铁十字海棠、花叶芋、花叶万年青、天冬草、肾蕨、波斯顿蕨、天鹅绒竹芋、孔雀竹芋、绿巨人、白鹤芋、合果芋、龙舌兰等。

（3）藤本类观叶花卉

藤本类观叶花卉又叫蔓生类观叶花卉，枝条下垂或蔓生，细长柔软，有的有气生根，能缠绕向上生长，如绿萝、红宝石喜林芋、绿宝石喜林芋、常春藤、瑞典常春藤、吊竹梅、吊金钱、绿串珠、蔓竹、白粉藤等。

二、观叶花卉养护基本要求

关于观叶花卉的日常养护问题，我们主要从温度、光照以及水分这三个方面进行分析。

1. 温度

对于种植在室内的观叶花卉来说，若要保证其能正常生长，一般都需要比较高的温度。普遍来说，室内温度在20～30℃最适宜观叶花卉的生长。

夏季温度过高时，不利于室内观叶花卉的正常生长，因此，必须注意荫蔽与通风，营造较凉爽的小环境，以保证植株的正常生长。冬季温度过低时，也会限制植株的生长。不同种类的植物因生长温度及形态结构上的差异，所能忍耐的最低温度也有差别。在栽

培上，我们必须针对不同类型的植物对温度的不同需求区别对待，以满足其越冬要求。下面将常见的室内观叶花卉越冬所需温度介绍如下。

（1）越冬温度要求10℃以上的品种

网纹草、花叶万年青、孔雀竹芋、变叶木、花叶芋、多孔龟背竹、观音莲、星点木、铁十字秋海棠、五彩千年木（图1-2）等。

图1-2　五彩千年木

（2）越冬温度要求5℃以上的品种

龙血树、朱蕉、散尾葵、袖珍椰子、垂叶榕、椒草、合果芋、孔雀木、吊兰、吊竹梅、鹅掌柴、紫鹅绒、白鹤芋，以及喜林芋属的琴叶喜林芋、心叶喜林芋、红锦喜林芋等。

（3）越冬温度要求0℃以上的品种

春羽、龟背竹、常春藤、海芋、棕竹、苏铁、肾蕨、麒麟尾、天门冬等。

2. 光照

在室内养护的观叶花卉，相对于其他花卉植物来说，在光照条件上并没有那么严格。观叶花卉因种类或品种不同，再加上它们原产地，以及形态结构的差别，导致它们对光照的需要也有所不同。对于观叶花卉来说，光照对其产生的影响很大，主要体现在光照强度这个方面。

根据不同室内观叶花卉对光照强度的不同需求，可将它们分为以下几大类。

（1）喜阳类

这类观叶花卉如果无法得到充足的光线照射，就会导致其茎秆变得更加纤细无力、倒伏以及提前落叶。除此之外，还有许多观叶花卉的彩斑性状根本无法正常形成或者无法维持其稳定性。比如，变叶木只有处在强光照射下才能使其叶片变得色彩明艳；荷兰铁如果处于弱光照射下，其新叶很难老化，并且容易引起叶片下垂，大大降低其观赏性。需要进行充足太阳光照射的彩斑性状的喜阳类观叶花卉主要有朱蕉、花叶榕、苏铁、花叶鹅掌柴、变叶木及金边垂榕等。

（2）中等耐阴类

这类观叶花卉只有在中等光照强度下才能较好地生长，当光照太弱时，观叶花卉往往表现出茎秆发育不良，叶片失去原有的绿色，出现不健康的黄化现象，甚至出现倒伏现象。但是，处于室内较强的散射光线照射下的中等耐阴类观叶花卉则会生长良好，也更具有观赏价值。中等耐阴类观叶花卉最具代表性的有龙血树、观音莲、花叶万年青、吊兰、春羽、散尾葵、椒草、袖珍椰子及棕竹等。

（3）喜阴类

这类观叶花卉更适宜生长在比较荫蔽的环境下，如果在室内种植，则最好将其放置在阴凉环境下。如果对喜阴类的观叶花卉进行强光照射，就会致使其叶片被灼烧，甚至导致植株枯萎的不良后果。与此同时，叶片的色彩也会变得更加暗淡，从而失去观赏价值。喜阴类观叶花卉主要有绿巨人、龟背竹、蕨类、黄金葛、白鹤芋及麒麟尾等。

3. 水分

在室内种植的观叶花卉多数都需要补充足够的水分，当然，有极少数喜干燥盆土的植株除外。水分的获取有两个途径，即从土壤中获取水分和从空气中获取水分。

在室内种植的观叶花卉很大一部分都是来源于热带或亚热带森林中的林下喜阴植物或附生植物，这类观叶花卉所需的水分主要来源于空气。由于各种观叶花卉原本的生长环境有所不同，再加上其形态结构存在差异性，因此，它们对空气湿度的要求也各不相同。

花叶芋、花烛、黄金葛、白鹤芋、绿巨人、观音莲、冷水花、金鱼草、龟背竹、竹芋类、凤梨类、蕨类等观叶花卉需要高湿度，即相对湿度在60%以上。

天门冬、金脉爵床、球兰、椒草、亮丝草、秋海棠、散尾葵、三药槟榔、袖珍椰子、夏威夷椰子、马拉巴栗、龙血树、花叶万年青、春羽、伞树、合果芋等观叶花卉需要中等湿度，即相对湿度为50%～60%。

酒瓶兰、荷叶兰、一叶兰、鹅掌柴、橡皮树（图1-3）、琴叶榕、棕竹、美丽针葵、变叶木、垂叶榕、苏铁、美洲铁、朱蕉等观叶花卉需要较低湿度，即相对湿度为40%～50%。

另外，观叶花卉对湿度的要求也会随季节的变化而有所不同。一般而言，观叶花卉的生长旺盛期都需要较充足的土壤水分和较高的空气湿度，才能保证其正常生长需要，休眠期需要的水分较少。春、夏季气温高，阳光强烈，以及风大、空气干燥的天气，都必须给植株补充充足的水分；秋季气温较高，蒸发量也大，空气湿度较低，也必须给予植株充足的水分；秋末及冬季气温低，阳光弱，植株需水量较少。

图1-3　橡皮树

三、观叶花卉培养土与营养液配制

要想栽培出生长良好、具有观赏价值的观叶花卉，我们需要对观叶花卉的培养土和营养液的配制方法有一定了解。

1. 常见培养土的配制

盆栽观叶花卉对土壤的水、肥、气、热有更高的要求，培养土应有良好的通气性、保水性和吸附性，适合植物生长的最适含水量是土壤容积的25%，矿物质约占38%，有机质约占12%，土壤空气和土壤水分各约占15%～35%。

配制观叶花卉培养土常用的材料有园田土、素砂土、炉灰渣、草炭土，经过堆腐发酵的木屑、树皮、落叶、杂草等。这些材料选定以后，即可进行配制。配制前应将大块的或含杂质较多的土块破碎过筛，然后根据用途按照一定比例进行配制。我们一起来看一下以下几种常见培养土的配制。

（1）轻性培养土

用腐殖土6份、园田土2份、砂土2份混合均匀。这种培养土适合木本类观叶花卉播种及幼苗移植。

（2）中性培养土

用腐殖土4份、园田土4份、砂土2份混合均匀。这种培养土适合宿根类观叶花卉栽培。

（3）黏性培养土

用腐殖土2份、园田土6份、砂土2份混合均匀。这种培养土适合大型木本类观叶花卉栽培。

（4）保肥透气培养土

用塘泥5份、煤灰3份、草木灰2份，清除石块、树枝等杂物后混合而成。这种培养土具有保肥、保水、疏松透气、肥效长、能减少菌体滋生的特点，适合喜林芋类、冷水花、富贵竹、南洋杉、鹅掌柴、春羽、朱蕉、巴西铁、美丽针葵、假槟榔、鱼尾葵、散尾葵、袖珍椰子等观叶花卉栽培。

上述培养土多为中性，在配制中应再增加少量骨粉和磷酸二氢钾等肥料，可使观叶花卉长得更好。

2. 酸性培养土的配制

南方生长的观叶花卉适宜在酸性土壤中生长，北方养花的土多是碱性土，用北方的碱性土进行南花北养，很多喜酸性的花卉很难成活，因此，南方观叶花卉在北方成活并养好的关键是配制酸性培养土。

家庭自制酸性培养土有两个方法。需要酸性培养土量大者可在庭院角落或近郊菜地中挖一个土坑，用锯末4份、干牛粪2份、塘泥2份、珍珠岩2份混合堆沤发酵，有条件者也可在培养土中加0.1%硫酸亚铁，加盖塑料布封严，可促使其更快腐熟。这种培养土不但呈酸性，而且肥沃、疏松透气、保湿透水性好，适宜养护南方观叶花卉。需要酸性培养土量小者可将上述材料按比例装入木箱或塑料袋内，密封箱口或扎紧袋口，置于阳光充足的地方，让其发酵产生高热，加速腐熟，一般经过夏季2～3个月即可制成酸性培养土，可用于养护苏铁、巴西木等喜微酸性土的观叶花卉。

3. 自制腐叶土的配制

腐叶土（图1-4）是花卉栽培土的一种，是树木针叶掉落到树下后经风化层积而成。腐叶土较轻，透气性强，有机质含量高，有疏松透气、排水良好、肥沃的特点。一般在针叶林下积压，下面的叶子经长年腐熟成粉末状就是很好的腐叶土。

腐叶土也可人工自制，其方法是：秋天收集阔叶树和针叶树的落叶或部分杂草，堆入长方形的坑内，堆放时一层树叶、一层土，如此反复堆放数层后，再浇灌少量粪尿，上面再盖上一层约10cm厚的园土，封好后越冬。来年春天和夏天各打开1次，翻动并捣碎堆积物块，然后再按原样堆好。气候温暖的地区到深秋季节堆积物基本腐熟，此时挖出捣碎过筛便可使用。堆制腐叶土时要注意两点：一是不要压得太紧，以利透气，为好

图1-4　腐叶土

气性细菌活动创造条件，从而加速堆积物的分解；二是不要使堆积物过湿，过湿则通气不好，在缺氧条件下，嫌气性细菌大量繁殖和活动，从而造成养分过分散失，影响腐叶土的质量。

4. 无土栽培基质的选择

无土栽培就是不用土壤栽培花卉，而是用各种培养基质和营养液养花。培养基质的作用就是代替土壤将花卉植株固定在花盆容器中，并能将营养液和水分保持住，供给花卉生长需要。因此，选用的基质应保水性能好，具备良好的排水功能，不含有害物质，卫生洁净。常用的无土栽培基质应选择砂、砾石、蛭石、珍珠岩、泡沫塑料、玻璃纤维和岩棉等。

（1）蛭石

蛭石是一种建材保温材料，是云母类矿物质，性能稳定，坚固，质地轻，多孔隙，经高温冶炼，洁净无菌，有良好的透气性，吸水性和持水能力强，并含有花卉所需的镁、钾等元素，是一种良好的无土栽培基质材料，到建材商店购买即可，来源方便。

（2）珍珠岩

珍珠岩是一种白色的小粒状物，是含硅质矿物质，也是一种建筑材料，性质稳定，坚固，质地轻，清洁无菌，多孔隙，透气性好，排水良好，但保水保肥能力稍差，如果将它与蛭石1 ∶ 1混合使用则更好。

（3）泡沫塑料

泡沫塑料质地轻，无菌，可容纳大量水分，一般和砂混合使用。

（4）玻璃纤维和岩棉

玻璃纤维和岩棉质地轻，清洁卫生，能贮存大量空气，有一定的保水性，长期使用不腐烂，能支持植物根不倒伏。

无土栽培基质可长期使用，但每次栽培后，都要进行消毒处理，可用1%浓度的漂白粉液浇在基质上浸泡30分钟，然后再用清水冲洗干净，其杀菌效果良好，消毒后的基质可重复使用。

无土栽培的花卉生长快，品质好，清洁卫生，病虫害少，观赏价值高。使用无土栽培可节省肥料，节约用水，不受场地限制，只要有营养液和容器，就可进行无土栽培花卉。

5. 家庭无土栽培营养液的配制

家庭进行无土栽培除选好栽培容器和固定花苗的基质以外，还要学会自己配制营养液。现将适合观叶花卉的营养液配方介绍如下。

先选好配制营养液的容器，在容器中加水，按比例每升水中加入适量的硝酸钾、硝酸钙、过磷酸钙、硫酸镁、硫酸铁、微量元素硼酸、硫酸锰等。配制时先用50℃左右的温水把上述无机盐溶化，然后按顺序倒入水中，边倒边搅动，待可溶化物质完全溶化即可。配制好营养液之后，要注意的是在使用时一定要将配制好的营养液再次加以稀释。

如果家庭养花爱好者嫌这种配制方法麻烦，平时用量也不多，可到商店或花市购买长效花肥、复合花肥、颗粒花肥（图1-5）等，拿回家中溶解于水中，即可成为营养液，用这种营养液养护观叶花卉简单易行。

图1-5　颗粒花肥

家庭无土栽培的观叶花卉可7～15天浇1次营养液，花苗可15～20天浇1次营养液。浇营养液的量每次应控制在100毫升左右。初次进行无土栽培时使用营养液宁少勿多，如果浇营养液过量，易造成观叶花卉焦叶等危害。

浇营养液代替不了浇水，对观叶花卉适时浇水是十分必要的，还要给予无土栽培的花苗和观叶花卉正常的温度、湿度和光照等。只有满足上述条件，才能使花苗和观叶花卉生长得浓绿秀美。

四、观叶花卉浇水技巧

养护观叶花卉时，浇水是必不可少的一环。在日常生活中，绝大多数的观叶花卉都需要经常浇水才能有效促进生长，下面是一些观叶花卉浇水技巧。

1. 浇水的重要性

水对观叶花卉的生长是至关重要的，室内观叶花卉除个别种类比较耐干旱以外，大多数观叶花卉在生长期都需要充足的水分。适量的水分可提高观叶花卉叶片的观赏度，使叶片颜色浓绿且充满生机。如果水分供应没有达到要求的话，对植物的正常生长就十分不利。水分供应过少，盆土过干，植物会出现叶片和叶柄皱缩、萎蔫、下垂等现象，而水分供应过多，会导致土壤中空气不足，从而引起根系窒息死亡。另外，一些病菌侵害植株现象的发生也和水分的多少有着密切的关系。所以如何适时、适量地给植物浇水，掌握正确的浇水方法是养花者的必修知识。

2. 浇水的原则及常见方法

简单来说，浇水时应遵循“不干不浇，干则浇透，见干见湿”的原则。但也要根据天气、季节的变化及植株自身生长周期等因素，适量地对植物进行水分补充。浇水时可采取直接根浇的方法，或用喷壶在植株根部浇水。这种方法适用于天气较为干燥的情况。平常还可采用喷水的方法来增加空气湿度，并勤于清洗叶片上的灰尘等，这样做可增加

叶片的新鲜度和清洁度，同时也利于植物的光合作用。另外，对于一些不易湿透的植株来说，除了直接浇水外，还可以定期用浸泡的方法为植物补水，具体操作是将整个植物或植物的根全部浸泡于水中，待差不多湿透后再拿出即可。

3. 浇水的小窍门

浇水过程中有很多小窍门应引起养花者的重视。

（1）一些地区的地下水呈碱性，对于适应酸性土壤的植物是不利的，不能直接用于浇灌。大多数养花者选择自来水浇灌，用自来水浇花一定要注意先将自来水存放1～2天后再使用，目的是让水中的氯气挥发掉。

（2）冬季水温较低，不宜直接对植物进行浇灌，应在室内放置一段时间，待水温升高后再浇水。

（3）盆土过干需要大量浇水时，不要立即浇灌，而应先把植株放在湿度较大的阴凉处，少量淋水，然后逐渐增加浇水量。

（4）盆内积水时，可把植株带泥脱盆，等植株复原后再重新上盆。

五、观叶花卉肥料选择与施肥技巧

要想更好地欣赏观叶花卉，施肥也是观叶花卉养护的重中之重，正确合理地施肥才能对观叶花卉的生长更为有利。那么，在养护观叶花卉的时候，需要掌握哪些施肥技巧呢？我们一起来看一下。

1. 常用肥料的选择

观叶花卉的常用肥料可以从化学肥料和有机肥料里进行选择。

常见的化学肥料有氮、磷、钾肥。其中氮肥包含尿素、硫酸铵、硝酸铵等，磷肥主要有过磷酸钙，钾肥中硫酸钾、氯化钾等较为常见。此外，还有一些含氮磷钾的复合肥，如硝酸钾、磷酸铵等。这些肥料能很好地促进植物的生长，使其叶色鲜艳、形态俊美。如氮肥的施用可提高叶片中叶绿素的含量，从而让植株的叶片茂盛、颜色新鲜翠绿；磷肥对根系的发育有促进作用；钾肥主要在一些代谢过程中起调节作用。

另外还有一些有机肥料，如动物粪便、草木灰（图1-6）等。动物粪便主要有家畜的粪便和鸡鸭粪等，家畜的粪便含氮量较高，而鸡鸭粪则是磷肥的主要来源。草木灰含钾量较多，属于碱性肥料。

图1-6 草木灰

主要的氮磷钾复合肥如下。

（1）硫酸钾

易溶于水，可作为追肥和基肥的材料。

（2）磷酸铵

吸湿性小，属于高浓度速效肥料。

（3）磷酸二氢钾

呈酸性，可促进花朵的形成。

2. 合理施肥

合理施肥一定要做到有针对性、适时适量。针对不同的盆栽品种施予不同的肥料，如观叶类植物应多施氮肥，观花、观果类植物应多施磷肥、钾肥等。此外，须根据植物的生长情况，在合适的时间施肥。一般当植株出现叶片颜色变淡、生长缓慢时是最需要施肥的时期。施肥时须注意量不要过多，且在土壤较为湿润的情况下施用，有利于植株吸肥。施完肥后，最好用一层土覆盖，以防肥料流失。

常见的施肥方式有施基肥和追肥两种。施基肥是指在栽种之前施加肥料，一般以有机肥为主。追肥是在植物生长期补充其所需的肥料，一般多用化肥。另外，在叶面喷施肥料稀释液也是一种施肥的方法。

当植物缺少肥料时往往会表现出一定的症状，我们可以根据这些不同的症状来初步判定植株所需要增施的肥料。

（1）缺氮肥

叶片变得干枯、发黄，叶片小，开花少。

（2）缺磷肥

生长缓慢，叶色、花色不鲜艳，果实发育不良。

（3）缺钾肥

叶片上有病斑，叶尖、叶缘出现枯死现象。

（4）缺铁肥

新叶干枯，叶脉仍保持绿色。

（5）缺钙肥

顶芽死亡，叶尖呈钩状。

六、观叶花卉换盆技巧

当我们养护观叶花卉时，在合适的时候给观叶花卉进行换盆尤其重要。

1. 何时换盆

绝大多数的盆栽植物都需要经历换盆这一环节，究竟在什么情况下，植株应该换一个“新家”？判断植物是否需要换盆分为以下3种情况。

（1）对于那些根部患病或者遭受虫害的植株，需要及时换盆才能避免植株继续受害；

（2）对于那些每年都有一段休眠期的植株，在其恢复生长前期需要进行换盆，同时也要将已经腐烂的根部清理干净，并更换新的培养土；

（3）对于那些快速生长的植株，当原有的花盆无法容纳逐渐长大的植株时，就需要及时将植株移植到更大一点的花盆里更为合适。

常绿型观叶花卉宜在空气湿度较大时进行换盆，以减少叶面水分的蒸发，这样做对换盆后植物生长的影响较小。

1～2年生观叶花卉因生长速度较快，在幼苗期换盆次数宜多不宜少，能够让定植后的植株生长强健。

木本类观叶花卉一般2年左右换1次盆即可。

2. 换盆步骤

具体的换盆步骤如下：可先用竹片或小刀等工具从盆壁四周撬松盆土，迅速翻转花盆，同时拍击盆壁，使植株和土团一起脱出。然后把底层的旧土抖掉50%左右并剪掉一些老根、枯根，加上一些新盆土，把植株移到新盆中，压紧盆土。最后向盆里适当地洒一些水，放在阴凉处就基本完成了换盆的过程。

3. 换盆注意事项

（1）每种植物在不同生长时期换盆的时间、次数不一样，养花者须不同对待。就观叶花卉来说，可选择在雨季换盆，以减少叶面水分的蒸发。有一些开花的观叶花卉不能在花朵形成期换盆，否则会影响花期。

（2）花盆与植株大小要相适应。

（3）换入新盆之前，在花盆的盆底垫上碎瓦片，凹面朝下，盖住排水孔。

（4）上盆时，应加满土壤、介质等，然后抖动花盆，用手压紧土壤。

（5）完成换盆后，浇一次透水，不需施肥，放置阴凉处即可。

七、观叶花卉常用繁殖方法

观叶花卉的繁殖一般可分为有性繁殖和无性繁殖两大类。

1. 有性繁殖

有性繁殖常分为种子繁殖和孢子繁殖。

（1）种子繁殖

采收百合科、棕榈、棕竹、水竹的成熟种子，4月份以后在露地或温室内进行播种，少量的可盆播。有的种子如文竹、棕竹的种子在播种前要用清水浸泡48小时，再播种于培养土内，培养土常用腐殖土和河砂混合。播种后，覆土的深度一般不超过种子大小的2倍，用浸盆法或喷壶法浇透水，放入适宜的环境下养护，20～60天后即可生根。

（2）孢子繁殖

孢子繁殖是蕨类观叶花卉的常用繁殖方法，方法简单，培植容易。常把孢子播种在花盆内或苗床中，保持较高的温度和湿度，一段时间后即可发芽生根。

2. 无性繁殖

无性繁殖可分为扦插繁殖、分株繁殖和压条繁殖。

（1）扦插繁殖

扦插繁殖是观叶花卉的主要繁殖方法，大部分观叶花卉都可采用扦插繁殖。扦插繁殖是利用植物的再生能力，从母株上采取植物的一部分，促进生根，培育出新植株。按照采取的部位不同，一般分为叶插（图1-7）、茎插、根插和芽插。

① 叶插。利用植物的叶片或叶片的部分进行扦插，繁殖成新植株。如可从椒草类的叶柄基部剪下叶片扦插，有利于生根成活；可将虎尾兰的一个叶片分成数段，每段约

图1-7　叶插

6～10cm，分别进行扦插，使每段叶片形成不定芽。

② 茎插。又称枝插，一般切取2～3节茎干或茎蔓作为插穗。如朱蕉、龙血树、冷水花、常春藤、绿萝、鸭跖草、橡皮树、景天、变叶木等均采用此法。

③ 根插。将地下部分肥大的根茎切成长2～3cm的多段，横埋、斜插或直插于砂床上，促使其生根、发芽，生成新植株。如切取2～3cm的龟背竹属植物或千年木属植物的地下根茎，在高温期间横埋或斜插于栽培容器内，覆土厚1cm左右，不久便会萌发出新芽。

④ 芽插。常切取植株根颈上的蘖芽，老茎上的吸芽及根状茎的芽进行扦插。如凤梨科植物的繁殖方法主要是分切、蘖芽、吸芽或冠芽扦插。但一般要等这些分生的小芽长成5枚以上叶片后才能切下，进行扦插。

（2）分株繁殖

将观叶花卉基部的蘖芽、根茎或球茎、块根、匍匐茎等从母株上分割下来，重新培育成新植株。一般在3～4月，气温在20～23℃时最为适宜。若有温室，可四季进行分株繁殖。

分株后，分离母株的幼小植株因其根系损伤，为避免受到强光照射，必须遮阴7～10天。注意浇水或喷水，使其保持充分的湿度。凤梨类和蕨类植物最宜充分喷叶面水。

（3）压条繁殖

将未脱离母体的枝条，在接近地面处堆土或将枝条压入土中，待其生根后，再将其从母体分离上盆而成为独立的新植株。一些既不适宜分株繁殖，扦插又不易生根的观叶花卉可采用此方法繁殖。

八、观叶花卉病虫害防治

观叶花卉除了需要正常的水肥管理外，还要对其进行病虫害防治。

1. 观叶花卉常见虫害

（1）红蜘蛛

红蜘蛛繁殖较快，易发生于干燥、高温的环境中，能使叶片枯萎或脱落。在少量发

生时可摘除病叶，并改善通风条件，多向植物喷水，降低温度。可用杀螨剂，如三氯杀螨醇或氧化乐果100倍液，每隔1周喷洒1次，连续喷2～3次。

（2）蚧壳虫

蚧壳虫（图1-8）是观叶花卉中常见的害虫之一。蚧壳虫繁殖力强，一年之内可多代繁殖，在高温地区常年都有可能发生，严重者可诱发煤烟病。可用水胺硫磷1000倍液、20%杀灭菊酯1500～2000倍液、40%氧化乐果800～1000倍液等，每隔1周喷洒2～3次。

图1-8　蚧壳虫

（3）蚜虫

蚜虫能使植株叶片变形、卷曲、皱缩。蚜虫的分泌物能诱发煤烟病。可用25%鱼藤精800～1000倍液、40%氧化乐果2000倍液、3%天然除虫菊酯1000倍液及溴氰菊酯2000～3000倍液等喷洒。

（4）粉虱

粉虱虫体较小，白色，能使叶片枯黄，严重时导致植株死亡。可用2.5%溴氰菊酯、20%杀灭菊酯1500～2000倍液及其他拟除虫菊酯类农药喷洒防治幼虫、成虫和虫卵，一般每周喷1次，连续喷3～4次。

2. 观叶花卉常见病害

（1）炭疽病

炭疽病是由真菌引起的病害。夏季多雨季节时，在空气湿度高、通风差的温室室内易发病，能使叶片枯萎、腐烂。可喷洒75%甲基托布津可湿性粉剂1000倍液、75%百菌清可湿性粉剂600倍液；或25%炭特灵可湿性粉剂500倍液、25%苯菌灵乳油900倍液；或50%退菌特800～1000倍液；或50%炭福美可湿性粉剂500倍液，7～10天喷洒1次，连续3～4次。

（2）褐斑病

褐斑病在较高温度下容易发生，侵害叶片时，将导致全叶枯萎。可以选用甲基托布津、三唑酮等常规杀菌剂，如果病情很严重，可以选用阿米西达或绘绿。

（3）黑斑病

黑斑病发生在潮湿季节，在叶片、叶柄等处出现圆形或不规则黑色叶斑。可喷洒50%多菌灵可湿性粉剂500～1000倍液，或75%百菌清500倍液，或80%代森锌500倍液，7～10天喷洒1次，连续3～4次。

（4）白粉病

白粉病在叶片上形成白色粉末状物，降低观赏价值。可喷洒50%甲基托布津1000倍液或70%百菌清600～800倍液。

（5）锈病

锈病易引起叶片发黄脱落，可用25%粉锈宁1500～2000倍液防治。

3. 有效防治病虫害的几点小建议

（1）保持室内通风，经常给植物喷水，保持空气湿度，减少虫害发生。

（2）认真养护与管理植物，增强植物免疫力，提高植物自身抗病虫害能力。

（3）病虫害一旦发生，及时喷洒相应的杀虫剂，根据不同病虫害类型选择适合的农药。

（4）可以在家庭自制一些杀虫剂，如肥皂水、辣椒水等。

第二章　木本类观叶花卉栽培与养护

一、巴西木栽培与养护

别名　巴西铁树、巴西千年木、金边香龙血树

1. 形态特征

巴西木（图2-1）为常绿乔木植物。巴西木株高可达6m，茎粗大，多分枝；树皮灰褐色或淡褐色，皮状剥落；叶簇生于茎顶，弯曲呈弓形，鲜绿色有光泽，叶片宽大，生长健壮；有花纹，下端根部呈放射状。巴西木花小且不显著，有芳香。

2. 生长习性

巴西木喜光照充足、高温、高湿的环境，亦耐阴、耐干燥，在有明亮的散射光和北方居室较干燥的环境中也能生长良好。巴西木生长适温为20～28℃，休眠温度为13℃，越冬温度为5℃。

3. 栽培养护

巴西木所用的培养土可用菜园土、腐叶土、泥炭土、河砂按3∶2∶2∶3比例调配，或用肥沃塘泥晒干和粗河砂2∶1拌匀混合配制。每周浇水1～2次，浇水不宜过多，以防腐烂。夏季高温时，可用喷雾法来提高空气湿度，并在叶片上喷水，保持湿润。施肥宜施稀薄肥，切忌浓肥，施肥期在每年的5～10月。冬季停止施肥，并移入室内越冬。

图2-1　巴西木

4. 繁殖方法

巴西木常用扦插法繁殖，一般室温高于25℃均可进行扦插。可剪取带叶的茎顶或截干假植后长出的侧芽做插穗，但至少要带两对叶子，直接插于砂床，充分浇水，保持较高的湿度，给予比较充足的光照，在23～30℃的条件下约40天左右即可生根成活。可将当年生或多年生的茎干剪成5～10cm的小节，以直立或平卧的方式，扦插于插床上。如果用0.01%的APT生根粉处理1小时，可促进生根成活；也可将树干锯成7～10cm的小段，浸于水中，也很容易生根，但要注意树干上下不可颠倒，并且要经常换水，保持水质清洁，防止干茎腐烂，水培到第2年，树干养分逐渐耗尽后，移栽到土壤里，还能继续生长。

二、发财树栽培与养护

别名 马拉巴栗、瓜栗、中美木棉、鹅掌钱

1. 形态特征

发财树（图2-2）为多年生常绿乔木植物。发财树茎笔直挺立，树干呈锤形。叶片大而苍青，长卵圆形，叶色四季常青。发财树多在4～5月开花，花色有红色、白色或淡黄色，色泽艳丽；果期为9～10月。

图2-2 发财树

2. 生长习性

发财树喜温暖湿润的向阳或疏荫的环境。发财树的生长适温为15～30℃。

3. 栽培养护

室内栽培的发财树不可突然见强光，否则叶片易被灼伤。如果室内光照过于阴暗，养护一段时间后应放在光线较明亮处，以恢复植株的姿态。发财树以选用富含腐殖质的

砂质酸性土为最佳，盆栽可选用腐叶土、田园土加适量河砂混合配制营养土。在生长期保持土壤湿润，冬季应控制水分，土壤稍干燥，过湿易烂根。发财树在生长旺盛期以氮肥为主，配施磷钾肥，冬季停止施肥。

4. 繁殖方法

发财树可采用播种及扦插法进行繁殖。

三、散尾葵栽培与养护

别名 黄椰子、紫葵

1. 形态特征

散尾葵（图2-3）为常绿灌木或小乔木植物。散尾葵丛生，基部分蘖较多，可生长至2～5m高。散尾葵茎干光滑，黄绿色，叶痕明显；羽状复叶，小叶线形或披针形，叶形平滑细长；叶柄尾部稍弯曲，颜色亮绿。散尾葵的花期为3～4月，开金黄色小花。

2. 生长习性

散尾葵喜温暖湿润的半阴环境，怕冷，耐寒力弱。散尾葵的生长适温为20～25℃。

图2-3　散尾葵

3. 栽培养护

散尾葵在室内栽培时宜摆放在有较强散射光处，夏天需遮去部分阳光。散尾葵栽培以疏松并含腐殖质丰富的土壤为宜。盆栽散尾葵所用的营养土可用腐叶土、泥炭土、河砂及有机肥混合配制。散尾葵在生长季节需经常保持盆土湿润，并向植株周围喷水，以保持较高的空气湿度。冬季应保持叶面清洁，可向叶面少量喷水或擦洗叶面。每月施肥2～3次，以氮肥为主，配施磷钾肥，也可使用有机肥。

4. 繁殖方法

散尾葵可采用播种、分株的方法进行繁殖。

四、苏铁栽培与养护

别名　铁树、凤尾蕉、凤尾松、避火蕉

1. 形态特征

苏铁（图2-4）为多年生常绿乔木植物。苏铁可生长至2m高，全株呈伞形。苏铁茎干为圆柱状，不分枝；叶从茎顶部生出，分为营养叶和鳞叶，营养叶阔大呈羽状，鳞叶短而细长。苏铁雌雄异株，花形各异，雄花长椭圆形，雌花扁圆形。

图2-4　苏铁

2. 生长习性

苏铁喜暖热、湿润的环境，不耐寒冷，稍耐半阴，生长很慢。苏铁的生长适温为20～30℃，越冬温度不宜低于5℃。

3. 栽培养护

苏铁栽培以肥沃、疏松、微酸性的砂质壤土为佳。苏铁盆栽可用腐叶土、田园土加

适量河砂混合配制成营养土。苏铁在一年四季均需放在阳光充足处养护，盛夏高温时宜放置在通风的阴凉处。春夏两季为苏铁生长的旺盛季节，要保持土壤湿润，并经常向植株喷水，增加空气湿度。特别是在苏铁的新叶抽生时，宜保持较高的空气湿度。苏铁冬季控水，不可过湿。苏铁每半个月施肥1次，复合肥及有机肥交替施用，冬季停止施肥。

4. 繁殖方法

苏铁可采用播种、分蘖、切干等方法繁殖。播种繁殖生长速度慢，切干繁殖量有限，多采用分蘖繁殖。

五、南洋杉栽培与养护

别名　诺和克南样杉、小叶南洋杉、塔形南洋杉

1. 形态特征

南洋杉（图2-5）为常绿高大乔木植物。南洋杉盆栽一般可长到2m多高。南洋杉的树冠多为塔形，分枝为水平状，叶针形，亮绿色。

图2-5　南洋杉

2. 生长习性

南洋杉喜温暖湿润和阳光充足的环境，在气温25～30℃、相对湿度80%以上的条件下生长最佳；稍耐寒，忌夏日强光暴晒；不耐干旱，怕水湿和盐碱；较耐风吹，再生能力强。

3. 栽培养护

南洋杉栽培以疏松肥沃、排水良好的酸性砂壤土为宜，春秋两季可待盆土表面变干后再浇水，夏季可每天浇水1次。6～8月南洋杉移到室外养护，给予适当遮阴；初霜到来前移入室内，摆放在光照充足、通风较好的位置。每年的4月中下旬换盆，幼株每年换盆1次，成年植株每2年进行1次换土或翻盆。南洋杉每月需施1次沤透的饼肥水或在盆土四周埋放复合肥颗粒，9月底至10月初以后要停施氮肥，改施一般的速效磷钾肥。

4. 繁殖方法

南洋杉可用播种、扦插和压条的方法进行繁殖。

（1）播种繁殖

播种育苗应在春季进行。播种前先将种皮擦破，可有效促进种子发芽。播种温度以保持20～25℃为好，播种后20天左右发芽。

（2）扦插繁殖

扦插应在梅雨季节进行。插穗宜选择当年生半木质化的主梢萌条或直立的徒长枝梢，或者将株形欠佳的植株截去主干或顶梢后，使用其抽生的萌发枝。插穗长10～15cm，剪去下部的枝叶，用1号ABT生根粉溶液浸泡下切口10秒钟，再将其插入蛭石或砂土中，维持20～25℃的温度，加覆塑料薄膜保湿，为其创造一个半阴的环境，约3个月即可生根。

（3）压条繁殖

在春季选择萌发的直立枝，在离顶端20～25cm处环状剥皮，剥皮宽度为3～4cm，同时在环状剥皮处裹好水苔泥炭土等，外用塑料薄膜包扎严实，上部留一个接水口，约4个月后即可愈合生根，待其根系长至3～5cm时便可切离母株另行栽种。

六、橡皮树栽培与养护

别名 橡胶树、巴西橡胶

1. 形态特征

橡皮树（图2-6）为常绿灌木或乔木植物。橡皮树室外栽种可生长至20～30m高。橡皮树全株光滑，主干明显，少分枝，长有气根；叶片较大，长椭圆形，厚革质；叶色翠绿，有金属般的墨绿色质感，嫩叶红色。常见的栽培品种有金边橡皮树、花叶橡皮树等。

2. 生长习性

橡皮树喜温暖湿润、阳光充足的环境，耐阴，不耐寒。橡皮树的生长适温为20～30℃。

图2-6　橡皮树

3. 栽培养护

橡皮树所需要的基质最好是肥沃的腐叶土或砂质壤土。橡皮树盆栽所需要的培养土可选择用1份泥炭土、1份腐叶土，再加上适量有机肥以及河砂配制而成的微酸性土壤。夏秋两季气候干燥，要注意浇水，保持土壤湿润，最好向叶片喷水保湿。入冬后要控制浇水，保持土壤稍干燥，过湿可能会导致橡皮树的根系腐烂。5～9月应进行遮阴，或将橡皮树植株置于散射光充足处。生长季节每10天施用1次复合肥，冬季停止施肥。

4. 繁殖方法

橡皮树多采用扦插繁殖，也可采用高压法及叶插法进行繁殖。选1～2年生已经木质化或半木质化的健壮橡皮树枝条作插穗，剪成6～8cm长，每个插穗有2～3个腋芽。从母株剪下枝条和将枝条剪成插穗时，切口会流出乳胶，一般用35℃左右的水洗净，也可沾上草木灰。扦插材料缺乏时还可以用叶芽扦插。控温22～26℃，空气湿度80%～85%，25～30天生根。

七、棕竹栽培与养护

别名　筋头竹、观音竹

1. 形态特征

棕竹（图2-7）为丛生灌木植物。棕竹茎干直立，高度可长到1～3m。棕竹的茎非常纤细，很像人的手指粗细；不分枝，有叶节，外面包裹有褐色网状纤维的叶鞘；叶片为掌状，裂成4～10片不等。常见的同属植物有金叶棕竹及多裂棕竹。

图2-7 棕竹

2. 生长习性

棕竹喜温暖、通风良好的半阴环境，不耐积水，极耐阴，怕烈日，喜湿也耐旱。棕竹的生长适温为15～30℃。

3. 栽培养护

棕竹栽培以深厚、肥沃的酸性土壤为佳。盆栽用土可以用泥炭土、腐叶土加少量珍珠岩和基肥混合配制。在生长旺盛季节宜供水充足，使盆土保持湿润；春秋两季适当控制水分；夏季炎热、光照强时应适当遮阴。在棕竹生长季节需每周施肥1次，有机肥及复合肥均可，最好配合氮、磷、钾肥。

4. 繁殖方法

棕竹多用播种及分株的方法进行繁殖。

八、袖珍椰子栽培与养护

别名 矮生椰子、袖珍棕、矮棕

1. 形态特征

袖珍椰子（图2-8）为常绿小灌木植物。袖珍椰子外形小巧玲珑，酷似热带地区的椰子树，盆栽时高度一般不超过1m。袖珍椰子茎干直立，不分枝，上面长有不规则花

纹；叶子细长，由茎顶部生出，叶色浓绿光亮。袖珍椰子一般在春季开花，花黄色呈小珠状。

2. 生长习性

袖珍椰子喜温暖湿润的半阴环境。袖珍椰子的生长适温为20 ～ 30℃，13℃时进入休眠期。

3. 栽培养护

袖珍椰子栽培以排水良好、湿润、肥沃的壤土为佳。盆栽袖珍椰子时一般用腐叶土、泥炭土加1/4河砂和少量基肥制作基质。平时应将袖珍椰子放置到明亮的散射光下。浇水遵循“宁干勿湿”的原则，盆土不是太干即可；夏秋季空气干燥时，要适当向植株喷水，可保持叶面深绿且有光泽；冬季适当减少浇水量，以利于越冬。植株生长季每月施1 ～ 2次液肥，秋末及冬季稍施肥或不施肥。

4. 繁殖方法

袖珍椰子一般利用种子进行繁殖。种子有生理后熟现象较难发芽，不能干燥存放。种子采收后可用半湿河砂层积至次年春天播种，播种后2 ～ 3个月发芽。也可以在播种前用萘乙酸溶液浸种24小时，冲洗干净后播种，可促进发芽。

图2-8　袖珍椰子

九、富贵椰子栽培与养护

别名　缨络椰子

1. 形态特征

富贵椰子（图2-9）为丛生灌木植物。富贵椰子茎基多分枝，植株最高能长到3m。富贵椰子的叶羽状分裂，长为50～80cm，先端弯垂，裂片为1～1.5cm宽，平展，生长有墨绿色叶子，表面有亮丽光泽，佛焰花序生在其叶丛下，果子成熟的时候为红褐色，近似于圆形，果期为10～12月。

图2-9　富贵椰子

2. 生长习性

富贵椰子喜温暖湿润的半阴环境，耐阴性强，耐寒性较强。富贵椰子生长适温为20～30℃，可耐-4℃低温。

3. 栽培养护

富贵椰子在夏秋两季空气干燥的时候，要经常向植株叶片或植株四周喷水降温，只有增加空气湿度，才有利于富贵椰子的正常生长，与此同时，也可保持叶面深绿且富有光泽；冬季适当减少浇水量，以利于越冬。富贵椰子对肥料要求不高，生长季每月施液肥1～2次，秋末及冬季稍施肥或不施肥。富贵椰子栽培基质以排水良好、湿润、肥沃的壤土为佳，盆栽时可用腐叶土、泥炭土加1/4河砂和少量基肥制作基质。夏季光线强烈时，应及时采取遮阴措施，适当浇水喷雾，防止叶片卷曲萎蔫。

4. 繁殖方法

富贵椰子主要采用播种繁殖。

十、夏威夷椰子栽培与养护

别名 竹茎玲珑椰子、竹榈、竹节椰子、雪佛里椰子

1. 形态特征

夏威夷椰子（图2-10）为常绿灌木植物。夏威夷椰子茎干直立，株高一般1～3m；茎节中空且短，自地下匍匐茎发新芽而抽长新枝，为丛生状生长，不分枝。夏威夷椰子的叶片多生长在茎干中上部位，为羽状全裂，裂片披针形，叶子呈深绿色，且富有光泽。夏威夷椰子的花呈肉穗花序，腋生于茎干中上部节位上，花的颜色为粉红色，浆果为紫红色，开花挂果期可延长至2～3个月。

2. 生长习性

夏威夷椰子喜高温高湿，耐阴，怕阳光直射，要求较明亮的散射光，耐寒。夏威夷椰子生长适温为20～30℃。

3. 栽培养护

夏威夷椰子盆栽可直接选用塑料盆、泥盆或瓷盆，宜用疏松、排水通气良好、富含

图2-10 夏威夷椰子

腐殖质的基质。生长季节为3～10月，每1～2周施1次液肥或颗粒状复合肥，以促进叶生长及叶色浓绿。视植株长势2～3年换盆1次。一般在室内阴暗环境中摆放1～2个月对植株观赏不会有太大的影响。春夏秋三季可摆放在室内任意位置，冬季宜放在阳光较充足处。夏季摆放在室外时，要适当遮阴。

4. 繁殖方法

夏威夷椰子可用播种和分株的方法繁殖。

（1）播种繁殖

夏威夷椰子进行播种繁殖的种子最好随采随播，当温度保持在25℃左右时，大概3～4个月就能生根发芽。

（2）分株繁殖

夏威夷椰子在生长期间，植株的地下根茎会横向生长，此时很可能会萌蘖出新芽新枝，因此当春季到来时，可将生长茂密的夏威夷椰子进行分切繁殖。将3～5根根茎分为一丛种植在花盆里。分切的时候一定要保护植株的根部尽可能地少受伤害，并让每一丛植株都保留一定的根系，否则分切后的植株恢复慢，甚至会死亡。

十一、富贵竹栽培与养护

别名 仙龙达龙血树、绿叶仙龙血树、万年竹、万寿竹

1. 形态特征

富贵竹（图2-11）为常绿亚灌木植物。富贵竹可生长至1m以上。富贵竹外形细长、直立，上部长有分枝；叶子互生或近对生，长披针形；伞形花序，开在叶腋处，紫色；

图2-11 富贵竹

果实近球形，黑色。常见的栽培品种有银边富贵竹、黄金富贵竹等。

2. 生长习性

富贵竹喜高温、多湿和阳光充足的环境，不耐寒，耐半阴。富贵竹生长适温为20～30℃。

3. 栽培养护

富贵竹最适宜摆放在明亮散射光下养护，栽培以疏松的砂壤土为佳。盆栽可用腐叶土、菜园土和河砂等混合种植，也可以用塘泥栽培。生长季节应经常保持盆土湿润，切勿干燥；盛夏及干热的秋季要经常向叶面喷水，以清洁叶面及增加空气湿度；冬季盆土不宜太湿，可稍干燥。每半个月施1次氮、磷、钾复合肥。

4. 繁殖方法

富贵竹一般采用扦插法进行繁殖。春末夏初，温度稳定在20℃以上时，用10～15cm长的顶芽作插穗，最容易成活，而且长势快。用3～4节中下部茎作插穗，插入砂床，约20天生根发芽，1个月可上盆。

十二、金边富贵竹栽培与养护

别名 镶边竹蕉

1. 形态特征

金边富贵竹（图2-12）为常绿灌木植物。金边富贵竹茎干直立且纤细，基部分枝，最高可长到2m以上，植株最多可有40cm宽。金边富贵竹的单叶互生，叶片类似于波浪状，弯曲，披针形，长为10～15cm，宽为1.6～4.5cm；植株的叶面中脉两侧是黄色纵条纹，叶缘多扭曲，叶面富有光泽。

图2-12 金边富贵竹

2. 生长习性

金边富贵竹喜在阳光充足和高温潮湿的环境下生长，不耐寒冷气候，平时应勤修剪，忌强光照射，冬季生长温度维持在10℃以上可安全越冬。

3. 栽培养护

在金边富贵竹生长期间应保持盆土湿润，当空气干燥时，还可用对植株喷水的方式增加空气湿度，每15天需要施加1次肥料。每年在4～5月期间换1次盆，在换盆时，最好进行整株修剪，以促进萌发新的枝条。到了夏季，金边富贵竹进入生长旺盛期，此时要进行适当遮阴处理，并且多浇水，切忌盆土干燥，培养土最好选择疏松透气的砂壤土。

4. 繁殖方法

金边富贵竹主要采取扦插的方式进行繁殖。扦插最好选择在6～7月的梅雨季节，宜选取金边富贵竹上的成熟枝条，并将其修剪成10cm左右，将修剪好的枝条插到粗砂中。当环境温度为25～30℃时，25～30天后即可生根，2个月后就能移栽上盆。

十三、五针松栽培与养护

别名　日本五须松、五钗松、日本五针松

1. 形态特征

五针松（图2-13）为常绿乔木植物。五针松树皮像鳞片一样开裂，看上去古朴且苍劲。五针松针叶又细又短，五针为一簇；叶子的表面有白色气孔线，叶鞘早落；枝叶紧密，叶子的颜色是翠绿色的，可造型成片状，犹如层云涌簇的态势，是树木盆景的珍贵树种之一。

图2-13　五针松

2. 生长习性

五针松喜在温暖湿润、光照充足、干燥通风的环境下生长，有一定的耐阴能力，忌水涝。

3. 栽培养护

栽培五针松的土壤最好选择潮湿肥沃且具有良好排水性的砂壤土。干旱季节应该多浇水，雨季来临时，要注意防止水涝灾害。在其生长旺盛期需要多浇水，忌培养土过湿或过干。在每年春季的2～3月或秋季8～10月施加1次薄肥。除了在强光照环境下需要稍微遮阴之外，都需要进行充足的光照。五针松盆栽需要在每年的2～3月期间换1次盆，移栽的时候需要带上土球，并适量浇水。与此同时，还要将部分老土剔除。在每年的4～5月期间，要给五针松盆栽进行整形修剪，多以轻剪为主。

4. 繁殖方法

五针松多采用嫁接繁殖，很少用扦插繁殖。

（1）嫁接繁殖

五针松进行嫁接繁殖所选择的砧木主要是黑松苗，接穗多为1～2年生的五针松枝条，嫁接繁殖多在冬末春初进行，芽接最好选择3～4月中旬砧木处于生长旺盛期时进行。如果选择用黄松作砧木，当年嫁接的五针松接穗就能成苗。

（2）扦插繁殖

五针松选择扦插繁殖的插穗最好是处于幼龄期的母株，如果能从五针松实生苗上选择插穗也很好。五针松一年四季都能进行扦插繁殖，一般多在春秋两季进行。选择的插穗最好为15cm左右的长度，只留下顶芽，插到土壤里的深度大概为6～8cm，插后要浇透水，并立即搭设荫棚，土壤应保持潮润状，但不能导致水涝，大概10天左右即可生根。

十四、假槟榔栽培与养护

别名 无

1. 形态特征

假槟榔（图2-14）为常绿乔木植物。假槟榔茎干直立，无分枝，茎干上有梯形环纹，基部略膨大；大型羽状复叶，簇生于顶部，长2m左右，向四周伸展，小叶2列，条状披针形，长30～50cm，叶面绿色；夏季开花，花单性雌雄同株，花序生于叶丛之下，穗状圆锥形花序，花白色或乳酪色；秋后结果，果卵球形，红色。同属常见品种还有阔叶槟榔，叶较宽大披垂，花淡紫色，有芳香。

2. 生长习性

假槟榔喜高温高湿的环境，喜阳光，耐阴，不耐寒。假槟榔喜在疏松肥沃、排水良好的微酸性的砂质壤土中生长，生长适温为25～32℃。

3. 栽培养护

假槟榔在夏季忌烈日暴晒和空气干燥，最好在荫蔽的环境下养护。冬季移入温度高

图2-14 假槟榔

于10℃的室内。休眠期要控制浇水，保持盆土干燥。5～10月生长季节每个月施1次稀薄的腐熟饼肥液。盆栽假槟榔每1～2年需换盆1次，种植前最好施些基肥。

4. 繁殖方法

假槟榔常用播种繁殖。

假槟榔夏季开花，秋季果实成熟。采下成熟的果实，堆沤4～6日，待果皮松软后用水洗净，漂淘出种子。种子千粒重约500克，种子有3个月左右的休眠期，宜混入湿砂贮藏催芽。第二年春暖后播种，先将种子密播于砂床，气温在20℃以上时开始发芽，发芽率约80%，小苗出土后4～5个月便可移至花盆培育。幼苗期在夏季避免阳光直射，应给予遮阴。第二年即可换盆，或栽种于室外花园。

十五、鱼尾葵栽培与养护

别名 假桄榔、青棕、钝叶、蘸棕

1. 形态特征

鱼尾葵（图2-15）为丛生小乔木植物。鱼尾葵绿色的茎干直立，且不会有多余分枝，茎干被白色的毡状绒毛，上面有类似环状叶痕的形状。鱼尾葵的叶片很大，叶片肥厚，呈革质，上部为不规则齿状缺刻，先端下垂，与鱼尾非常相似；花序可长到3m，花3朵簇生，肉穗花序下垂，开黄色的小花。鱼尾葵每年5～7月开花，8～11月结果。

2. 生长习性

鱼尾葵较耐寒，能耐-4℃的短期低温霜冻，喜阳光充足，但也比较耐阴，忌积水，要求疏松肥沃、排水良好的壤土、钙质土或酸性土。

3. 栽培养护

鱼尾葵在春秋两季均可进行全光照，夏季适当遮阴，冬季放于室内光线较好的位置。夏天上午、下午各浇水1次，春秋季每天浇水1次，并给叶面喷水；早春、秋末及冬季气温较低时适当减少浇水。生长季节应在每次施肥前松土，盆栽植株每年都要换盆，并更换盆土。

4. 繁殖方法

鱼尾葵常用播种繁殖。可于11月采收成熟的红色球果，沤烂后置于水中搓揉，取出种子摊晾后，进行直接播种或砂藏催芽，发芽适温为25～30℃。直接播种于砂床上的种子，播后要保持湿润，过2～3个月才能发芽；砂藏催芽的种子，播种一般在3～4月份，可于种粒发芽露白时，再盆播或袋播；也可播种于苗床中，适当给予保温保湿，待种子出土后再给予正常的水肥管理，发芽率一般在75%左右。

图2-15　鱼尾葵

十六、长叶刺葵栽培与养护

别名 加那利椰子、加那利海枣

1. 形态特征

长叶刺葵（图2-16）为高大常绿乔木植物。长叶刺葵树干粗壮，单干直立，羽状复叶，可形成密集的羽状树冠，是常见的园林绿化树种，亦可盆栽观赏。长叶刺葵的花期为5～7月，果期为8～9月。

2. 生长习性

长叶刺葵喜全光照，喜湿润，也耐干旱，喜肥。长叶刺葵发芽适温为32～36℃，

图2-16　长叶刺葵

生长适温为20～32℃，越冬温度为-10～5℃。

3. 栽培养护

长叶刺葵盆栽植株在夏季可露天栽培，需充足的水分，夏秋干旱季节应适当增加植株浇水和叶面喷水。长叶刺葵适合疏松肥沃、排水良好的砂壤土，定期追施沤透的饼肥、过磷酸钙、复合肥等。

4. 繁殖方法

长叶刺葵多采用播种繁殖，也可用分株繁殖。

十七、蒲葵栽培与养护

别名　扇叶葵、葵树

1. 形态特征

蒲葵（图2-17）为热带和南亚热带树种，为棕榈科蒲葵属的多年生常绿乔木植物。蒲葵室外种植可高达20m，根基部常会膨大，叶片为扇形，果实为椭圆橄榄形。蒲葵的花期为3～4月，果期为10～12月。

2. 生长习性

蒲葵喜阳光，但也耐阴，生长适温为20～30℃，通常能耐0℃左右的低温，喜湿润。

图2-17　蒲葵

3. 栽培养护

蒲葵栽培以疏松肥沃、排水良好的砂质培养土为宜。春秋两季可全光照养护；冬季只要维持盆土不结冰即可；夏季气温较高时，要给予遮光和叶面喷水，并注意通风。春夏秋三季保持盆土潮湿，冬季可适当减少浇水。生长季节要定期追肥，补充养分。

4. 繁殖方法

蒲葵只能用播种繁殖。10月采摘成熟果实浸泡，然后拌入细砂搓去果皮，取出种子晾干后进行砂藏催芽。砂的湿度以手握成团，松开即散为宜，并经常淋水保湿。催芽10天左右，种粒即可陆续发芽。

十八、凤尾竹栽培与养护

别名　米竹、筋头竹、蓬莱竹

1. 形态特征

凤尾竹（图2-18）为多年生木质化植物。凤尾竹秆密丛生，细矮但空心；秆高1～3m，有叶小枝下垂，每小枝有叶9～13枚；叶片小型，线状披针形，常排生于凤尾竹枝的两侧，似羽状。

图2-18　凤尾竹

2. 生长习性

凤尾竹喜光，稍耐阴，喜潮湿和温暖，喜半通风和半阴环境。

3. 栽培养护

凤尾竹多选择酸性、微酸性或中性土壤作为培养土，土壤的pH值为4.5～7.0最佳，切忌用黏重或碱性土壤作基质。北方土壤因碱性强不利于凤尾竹生长，可以加入0.2%的硫酸亚铁中和酸碱性。盛夏季节，每隔1～2天就要浇1次水，冬天为了防止出现干冻，应减少浇水次数。春、夏、秋三季最好将凤尾竹盆栽放到窗口通风处，冬天适宜搬到室内阳光充足的地方。在其生长旺盛期需要每月施加1～2次稀薄的氮肥。

4. 繁殖方法

凤尾竹可用分株、扦插的方法繁殖。

（1）分株繁殖

分株繁殖是凤尾竹主要的繁殖方法，可在2～3月结合换盆进行。分株时将生长过密的株丛从盆中倒出，从根茎处用刀切开，另行上盆，注意不要伤根。切分时至少

要让每个新芽都带有一枝老竹，并尽量保留须根，以保证成活。新分的植株要栽在大小适中的盆内，培以沃土，注意浇水，保持湿润，置于半阴处养护，新芽将迅速成长。

（2）扦插繁殖

凤尾竹扦插繁殖在5～6月进行，将一年生枝剪成有2～3节的插穗，去掉一部分叶片，插于砂床中，保持湿润，当年可生根。

十九、一品红栽培与养护

别名 象牙红、老来娇、圣诞花、圣诞红、猩猩木

1. 形态特征

一品红（图2-19）为多年生常绿灌木植物，属于典型的短日照植物。一品红根呈圆柱状，多分枝；茎直立，株高1～3m；叶互生，呈卵状椭圆形、长椭圆形或披针形，边缘全缘或有浅裂；苞叶5～7枚，呈狭椭圆形，长3～7cm，宽1～2cm，朱红色。一品红的花果期为10月至次年4月。

2. 生长习性

一品红喜温暖湿润、通风良好、阳光充足的环境，不耐寒、怕霜冻，不耐干旱、忌水湿，喜光但不耐盛夏烈日暴晒。一品红栽培以疏松肥沃、排水良好的微酸性砂壤土为宜，生长适温为25～35℃，越冬温度不低于15℃。

3. 栽培养护

一品红适合选用疏松肥沃的培养土栽培。可用园土、腐叶土、砻糠灰或珍珠岩

图2-19　一品红

各1份混合配制，内加适量沤制过的饼肥末或多元缓释复合肥颗粒。每月松土1次，生长旺季应每隔10天追施1次稀薄的液态肥。一品红花朵开放后，环境温度宜控制在20～22℃。除盛夏酷暑的正午前后要适当给予遮阴外，春夏秋三季均要全光照。夏季可加大浇水量，但也不宜过多；入秋后应减少浇水，保持盆土微潮最佳。

4. 繁殖方法

一品红主要通过扦插和组培的方法繁殖。

（1）扦插繁殖

在4～5月选用2年生枝条，剪成长10～15cm的不带叶穗段，以蛭石或素砂作扦插基质，插后保持25～28℃的生长温度，半个月后即可生根，1个月后分栽上盆。也可在7～8月剪取长10～15cm的木质化茎段作插穗，带叶扦插，切口要平滑，不能挤压，还应将外流的白色乳汁用清水冲去，将其扦插于砂床中，12～15天即可生根。

（2）组培繁殖

一品红优良品种可采用花序轴和嫩茎进行组培繁殖。

二十、红背桂栽培与养护

别名　红紫木、紫背桂、青紫桂、东洋桂花

1. 形态特征

红背桂（图2-20）为大戟科属的常绿灌木植物。红背桂最高能长到1m多。红背桂树枝上没有毛，但具有许多皮孔；叶对生，有些红背桂品种也会出现叶互生或近3片轮生的情况；叶片呈狭椭圆形或长圆形，长约6～14cm，宽约1.2～4cm，叶片的顶端长渐

图2-20　红背桂

尖，基部渐渐狭窄，边缘有疏细齿，齿间距为3～10mm，两面都没有毛，腹面为绿色，背面多为紫红或血红色；中脉在两面皆为凸起，侧脉8～12对，弧曲上升，离缘弯拱连接，网脉肉眼看不清；叶柄长3～10mm，无腺体；托叶呈卵形，顶端尖，长约1mm。红背桂的花期为6～8月，花单性异株。

2. 生长习性

红背桂喜温暖湿润和光线较好的环境，不耐寒，耐半阴，怕强光暴晒，忌高温，怕水湿，栽培以疏松肥沃、排水良好的微酸性砂壤土为好。红背桂生长适温为16～26℃，冬季室温应不低于10℃，冬季生长温度不低于5℃。

3. 栽培养护

红背桂在春、夏、秋三季应适度遮光，冬季则应维持较好的散射光照。生长季节要求有充足的水分供应，浇水遵循“干湿相间”的原则，切忌盆内积水；干热天气要经常给植株叶片喷水，并向周围地面上洒水；冬季室内温度偏低时，应控制浇水，保持盆土不干即可。盆栽培养土可用腐叶土或泥炭土加1/3的珍珠岩或河砂及少量的基肥配制。生长季节可每月松土1次，每2年可于早春进行1次换盆。

4. 繁殖方法

红背桂多用扦插繁殖，且一年四季均可进行，但以春夏两季最好。扦插基质可用素砂、蛭石或砂壤土，但以淋去碱性的砻糠灰2份、砂1份混合配制的扦插基质生根效果最佳。剪取成熟的1～2年生枝条，长10～15cm，剪去下部的叶片，只保留端部的2～3片叶。切口断面有白色乳汁渗出，可于阴凉处稍加摊晾，待其干后再插入基质。扦插入土的深度为穗长的1/3～1/2，蒙罩塑料薄膜保湿。夏季要适当遮阴，维持20～25℃的最佳生根温度。插后约30天即可长出根系，50天后再分栽或上盆。

二十一、南天竹栽培与养护

别名　南天竺

1. 形态特征

南天竹（图2-21）为常绿灌木植物。南天竹植株能长到大概2m高，直立，很少出现分枝；老茎为浅褐色，幼枝为红色；叶对生，小叶类似于椭圆状，叶呈披针形；圆锥花序顶生，开白色的小花；5～6月为南天竹的花期，10月到次年1月为南天竹的结果期，果实为鲜红色的球形浆果。

2. 生长习性

南天竹喜在温暖潮湿和通风良好的环境下生长，耐半阴和微碱性土壤，较耐寒，培养土应选择肥沃潮湿和具有良好排水性的砂壤土。南天竹最适合在20℃左右的温度生长，温度维持在24～25℃会开花结果。

3. 栽培养护

南天竹栽培最好选择用微酸性土壤作基质，培养土用5份砂质土、4份腐叶土以及1份粪土的比例混合调制。浇水遵循“见干见湿”的原则。到了干旱季节要多浇水，让盆

图2-21 南天竹

土维持在潮湿状态；夏天需要每天浇水，还要向南天竹的叶面进行2～3次的喷雾，以提高空气湿度；到了寒冷的冬季，南天竹会进入半休眠状，此时要少浇水，防止盆土过湿。在换盆时最好添加少许有机肥，平时需要进行适当的水肥管理。

4. 繁殖方法

南天竹以播种、分株的方法繁殖，也可扦插繁殖。

二十二、红枫栽培与养护

别名 紫红鸡爪槭、红枫树、红叶、小鸡爪槭

1. 形态特征

红枫（图2-22）为落叶小乔木植物。红枫叶对生，叶呈掌状深裂，裂片5～9枚，裂深至叶基，裂片为长卵形或披针形，叶缘锐锯齿。红枫一般3～4月萌芽，4～5月开花，9～10月果实成熟，12月落叶。

2. 生长习性

红枫喜温暖湿润、半阴的环境，耐寒，不耐水湿，较耐干旱，怕强光暴晒。红枫栽培以深厚肥沃、排水良好的砂壤土为宜，也耐酸性和石灰质土壤。

3. 栽培养护

红枫在夏季气温达35℃以上时，应喷水降温或将盆栽植株移到能避开高温强光的凉爽通风处。冬季最好保持盆土不结冰。春秋两季可接受全光照，夏季适度遮光。地栽应选择既不积水，又不十分干燥的湿润地；盆栽要求盆土始终保持比较湿润但又不过湿的

状态。盆栽红枫应每年秋季落叶后到早春萌发前换盆1次。盆栽培养土一般可用园土和腐叶土1∶1掺和配制，内加少量河砂及沤制过的动物粪便，或用少量的多元缓释复合肥作基肥，生长季节每月松土1次。

4. 繁殖方法

红枫适宜采取播种、扦插、嫁接和压条的方法进行繁殖。

（1）播种繁殖

通常采用撒播，覆土厚度约1cm，覆盖稻草保湿，播后约30天种苗即可出土。

（2）扦插繁殖

红枫扦插较难生根。

（3）嫁接繁殖

红枫进行嫁接繁殖所选择的砧木宜用1～3年生的鸡爪槭或红枫实生苗，于春季进行枝接，在砧木叶芽膨大时进行腹接或切接，套袋保湿，成活率较高。夏季可于8月进行单芽腹接，成活率高，当年能成苗。秋季腹接应套袋保湿，冬季搬入室内，成活率很高。

（4）压条繁殖

红枫高压繁殖一般在10月进行。在离枝顶20～25cm处环状剥皮，剥皮宽度为被压枝条基部直径的2～3倍，用腐殖土或泥苔土于剥皮部位包捏成团，外用塑料薄膜包好，上留接水口，用于土团变干时补充浇水，第二年春季即可成苗。红枫低压繁殖可于春季进行，将靠近地面的枝条中部进行环状剥皮，然后将剥皮部位按压于挖好的土坑中，上覆厚土，秋季即可成苗。

图2-22　红枫

二十三、变叶木栽培与养护

别名 洒金榕

1. 形态特征

变叶木（图2-23）为常绿灌木或小乔木植物。变叶木植株可高达2m，以叶片的形色而得名。变叶木叶片形态因品种不同而异，有披针形、卵形、椭圆形、波浪起伏状、扭曲状等；叶色有亮绿色、白色、红色、淡红色、深红色、紫色、黄色等。

图2-23 变叶木

2. 生长习性

变叶木喜阳光充足及温暖湿润的环境，不耐阴，忌干旱。变叶木生长适温为20～30℃，冬季生长温度不低于13℃。

3. 栽培养护

变叶木所选用的基质最好是肥沃通透且具有良好保水性的壤土，盆栽变叶木所用的基质最好选择用腐叶土、园土、堆肥以及河砂混合配制而成的营养土。秋、冬、春三季可以给予充足的阳光照射，夏季需要适度遮阴。变叶木放在室内养护时，尽量放在光线明亮的地方。生长期给予充足水分，并每天向叶面喷水，冬季低温时盆土要保持稍干燥。每半个月施肥1次，复合肥及有机肥交替施用，最好每年喷施2～3次0.2%的硫酸亚铁。

4. 繁殖方法

变叶木多用扦插法进行繁殖。通常于6～8月份剪取顶端嫩梢，长10～15cm，待稍干后插入砂床，约20天生根。对于扦插生根困难的品种，常于7月选择长20～25cm的顶端新枝，环割树皮宽1cm，外包裹湿苔藓并扎紧薄膜，约30～40天生根。种子可于9～10月份播种，播后约2周发芽。

二十四、枸骨栽培与养护

别名 猫儿刺、老虎刺

1. 形态特征

枸骨（图2-24）为常绿灌木植物，可归入小乔木属。枸骨叶片奇特，叶片的颜色碧绿光亮，四季常青，是很好的观叶或观果树种，在欧美等国多用于圣诞节的装饰，所以枸骨也叫“圣诞树”。

2. 生长习性

枸骨喜光照充足的环境，也比较能耐荫蔽；喜温暖，也具一定程度的抵御寒冷的能力。枸骨适宜有肥力、腐殖质丰富、土质松散且排水通畅的酸性土壤，生长适温为3～25℃。

3. 栽培养护

枸骨最好选用排水性、透气性好的泥盆，尽量使用浅盆，盆底加碎盆片。通常每2～3年要更换1次花盆，多于春天2～3月进行。夏天每日上午浇1次水，且需要时常给叶片喷水；春天和秋天每2～3天浇1次水；冬天令盆土保持偏干燥状态就可以。每隔

图2-24 枸骨

15天施用浓度较低的腐熟的饼肥水1次。冬天仅需施用1次有机肥作为底肥，不需要再对植株追施肥料。

4. 繁殖方法

枸骨经常采用播种法及扦插法进行繁殖。

二十五、桃叶珊瑚栽培与养护

别名 青木、东瀛珊瑚

1. 形态特征

桃叶珊瑚（图2-25）为常绿灌木植物。桃叶珊瑚幼嫩的植株的枝干为绿色，老的植株枝干有白色皮孔。桃叶珊瑚叶对生，薄革质，叶子的形状为椭圆形至倒卵状，长为10～20cm，全缘或中上部有疏齿，叶有硬毛，叶柄大概长3cm；开紫色的花，排成总状花序；果期为11月至次年2月份，浆果成熟后的颜色为深红色。

2. 生长习性

桃叶珊瑚喜温暖湿润和半阴环境，忌阳光暴晒，不耐高温，较耐寒。桃叶珊瑚栽培以疏松肥沃、排水良好的壤土为宜。

3. 栽培养护

桃叶珊瑚在夏季应适当遮阴。春季换盆时应注意根部和地上部修剪，换盆或移栽在春季或雨季进行。每月可施肥1次，秋季增施磷钾肥。桃叶珊瑚在冬季搬入室内。

4. 繁殖方法

桃叶珊瑚多采用播种和扦插的方法进行繁殖。对于很难扦插成活的桃叶珊瑚变种，

图2-25 桃叶珊瑚

最好在5～6月梅雨季节，用实生苗作砧木进行嫁接繁殖。具体操作是选取当年生的半木质化枝条，截取长度为15cm，留下2片叶，嫁接在砧木上即可。经过嫁接繁殖的桃叶珊瑚成活率很高。

二十六、珊瑚花栽培与养护

别名 巴西羽花

1. 形态特征

珊瑚花（图2-26）为多年生常绿亚灌木植物。珊瑚花的花开密集，形成短圆锥花序，顶生。珊瑚花的颜色有玫瑰紫色和粉红色两种，花期为6～8月。珊瑚花本种外形和颜色都与珊瑚类似，因其生长得鲜艳雅致，多用于房屋装饰。

图2-26 珊瑚花

2. 生长习性

珊瑚花喜向阳和温暖湿润环境，不耐寒，宜用富含腐殖质、排水通畅的砂质壤土种植。

3. 栽培养护

珊瑚花扦插苗生长后，需要进行2～3次的摘心，以便促进其分枝。在植株生长旺盛期需要保持盆土潮湿，切忌水涝灾害。2年生的珊瑚花老株在夏季需要进行换盆和适度修剪。每月施加1次有机肥，花期需要多施加2次磷肥。花期过后需要摘除残花，以免造成霉烂。

4. 繁殖方法

珊瑚花多选择扦插繁殖和播种繁殖。

二十七、酒瓶兰栽培与养护

别名 象腿树

1. 形态特征

酒瓶兰（图2-27）为多年生木本观叶植物。野生酒瓶兰高达2～3m，盆栽植株一般长到0.5～1m高；茎干的基部极为膨大，如酒瓶状；膨大部分具有厚木栓层的树皮，龟裂成小方块。酒瓶兰叶片丛生于茎的顶部，叶细长而下垂，革质，叶缘有细锯齿，像山林中野生的兰花。

图2-27 酒瓶兰

2. 生长习性

酒瓶兰喜日照充足的环境，耐干燥，耐寒力强。酒瓶兰适宜肥沃、排水通气良好、富含腐殖质的砂质壤土，生长适温为20～28℃。

3. 栽培养护

酒瓶兰在夏季要适当遮阴，充分浇水，浇水遵循“宁干勿湿”的原则，盆内切忌积水。秋末以后气温下降，应减少浇水量。冬季控制浇水，最好不干不浇。4～10月，每月施1次液肥或复合肥，冬季停止施肥。每2～3年于春季换盆1次。

4. 繁殖方法

酒瓶兰适合选择用播种和扦插的方法进行繁殖。

（1）播种繁殖

播种一般在4～5月进行，将种子播在腐叶土和河砂混合的基质中，保持土壤微湿润（不宜太湿，否则种子容易腐烂），温度在20～26℃及半阴环境中，经1～2个月即可发芽。苗高4～5cm时进行盆栽。植株生长过程中应加强肥水管理，勤施、薄施液肥，并增施钾肥，以促进茎部膨大充实。

（2）扦插繁殖

生长多年的植株有时会在茎基部自然萌生小芽，将幼芽掰下稍晾干后插于砂床内，上面覆盖薄膜保湿保温，温度在20～28℃，插后20天左右可生根。

二十八、八角金盘栽培与养护

别名　八金盘、八手、金刚纂

1. 形态特征

八角金盘（图2-28）为丛生常绿灌木植物。八角金盘因其叶片大多为8片，看上去很像8个角而得名。八角金盘的叶片一年四季都是油光青翠，叶片犹如翠绿色的手掌。八角金盘花期为10～11月，果期为4～5月。

2. 生长习性

八角金盘极耐阴，怕强光直射，喜有散射光的半阴生长环境；喜湿润的气候和土壤环境，怕干旱；喜温暖环境，但怕高温，且不太耐寒。八角金盘生长适温为18～28℃，冬季能耐-5℃的低温，要求土壤疏松肥沃、排水良好。

图2-28　八角金盘

3. 栽培养护

八角金盘盆栽或地栽都要保持土壤湿润，需要经常给叶面喷水，维持较高的相对湿度。高温干旱季节增加浇水量，冬季要减少浇水，或改浇水为喷水。盆栽植株每年换盆1次，时间为早春新芽刚萌发时；每月松土1次，以防积水烂根。盆栽植株每半月追施1次薄肥。

4. 繁殖方法

八角金盘可采用播种、扦插以及分株的方法进行繁殖。

（1）播种繁殖

播种法主要用于园林苗圃大量生产苗木，家庭养花也可用播种法培育八角金盘花苗。果实成熟后及时采摘，摊晾阴干便可用于播种，约2周后小苗即可出土。

（2）扦插繁殖

春插选2～3年生枝，夏插选1～2年生枝，截成长15cm的穗段，插入基质中2/3，一般1个月后即可生根。

（3）分株繁殖

在春秋季将地栽八角金盘的大丛植株掘起，或将盆栽丛状植株从花盆中脱出，从其根部结合薄弱处剪开或撕裂开，每丛保留2～3个茎干，并带有一些完好的根系，重新地栽或用肥土上盆。八角金盘作盆栽时，分株可在换盆时进行。

二十九、罗汉松栽培与养护

别名 罗汉杉、长青罗汉杉、土杉

1. 形态特征

罗汉松（图2-29）为常绿针叶乔木植物。罗汉松的树冠呈广卵形，叶片为条状，先端尖，基部呈楔形，两面中肋隆起，表面为暗绿色，背面是灰绿色，叶片有时被白粉，排列密集，呈螺旋状互生。罗汉松为雌雄异株，极少数的罗汉松也有同株；花期为5月，果期为10月。罗汉松卵形的种子上生有黑色的假种皮，主要生长在肉质膨大的种托上，深红色的种托可以食用，味道清淡微甜。

2. 生长习性

罗汉松喜阳光充足，也稍耐阴，要求温和湿润的气候条件。罗汉松对温度要求不高，夏季无酷暑湿热，冬季无严寒霜冻即可。

3. 栽培养护

罗汉松所用的培养土适宜选择富含腐殖质、疏松肥沃、排水良好的微酸性土壤。生长期要注意经常浇水，一般要在早、晚各浇1次水，另外还要经常喷洒叶面水，使叶色鲜绿。夏季要防止长时间积水。薄肥勤施，肥料以氮肥为主。

4. 繁殖方法

罗汉松常用播种和扦插的方法繁殖。

图2-29　罗汉松

三十、薜荔栽培与养护

别名 雪荔、斑叶爬墙果、石壁莲、木莲、木瓜藤

1.形态特征

薜荔（图2-30）为蔓性植物。薜荔的茎蔓长可达数米，每节均会产生气生根以攀附他物；单叶互生，心形，革质，全缘；叶色浓绿，偶有小突起；盆栽薜荔叶长约2cm，宽约1cm。斑叶薜荔比原种更具观赏价值，叶缘处常出现不规则的圆弧形缺刻，并有乳白色的斑条或斑块。

2.生长习性

薜荔喜高温多湿、明亮的环境，耐水湿，耐干旱。薜荔常野生在岩石、树桩或墙根的阴湿处，常年置于背阴处也可正常生长。把薜荔从背阴处移到日光下要逐渐过渡，让其适应。薜荔生长适温为22～28℃，越冬温度不低于5℃。

3.栽培养护

薜荔盆土多选用疏松肥沃的腐叶土或培养土。生长期每月施肥1次，补施1～2次磷肥、钾肥。表土稍干即浇水，浇水时对叶片进行喷水，以从上而下浇水为宜。冬天土干后要过几天再浇。薜荔要进行多次摘心，促使其多分枝，对下垂枝蔓要进行整形修剪，

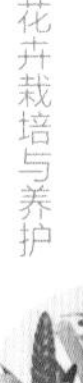

图2-30 薜荔

保持匀称美观的株型。盆栽3～4年的老株需重剪进行更新。

4. 繁殖方法

薜荔常采取扦插繁殖。剪取当年生枝条，长6～7cm，顶端留3～4片叶，插于砂床中，保持较高的空气湿度，插后30～40天生根，成活率高。薜荔茎蔓可以采用波状压条法进行压条繁殖，遮阴保湿，约2个月即可剪断，挖出压条苗直接盆栽。

三十一、山茶花栽培与养护

别名 山茶、茶花、晚山茶、山椿

1. 形态特征

山茶花（图2-31）为常绿灌木或小乔木植物。山茶花大多数成熟枝条呈黄褐色，而小枝则多为绿色或绿紫色至紫褐色。山茶花叶片呈革质，叶片的形状为椭圆形、长椭圆形或卵形至倒卵形，叶片长4～10cm，先端渐尖或急尖，基部楔形至近半圆形，边缘生锯齿；叶片的正面呈深绿色，多有光泽，背面比较暗淡，叶片光滑无毛，叶柄粗壮且短小，被有柔毛或无毛；两性花，常单生或2～3朵着生在枝梢顶端或叶腋间。山茶花花期为12月到次年的2～3月，每朵花都能持续开放半个月时间，果期为9～10月。

2. 生长习性

山茶花喜半阴，忌烈日，喜疏松肥沃的微酸性土壤，在土层深厚、有机质丰富的荫蔽湿润地或沟谷两侧生长良好。山茶花喜温暖气候，生长适温为18～25℃，开花温度为2℃；略耐寒，一般品种能耐-10℃的低温；耐暑热，但超过36℃生长会受抑制。山茶

图2-31　山茶花

花喜空气湿度大，忌干燥。

3. 栽培养护

山茶花在生长旺盛期应保持充足水分，每天向叶片喷水1次，夏季适度遮阴。每月施水肥1次，9月现蕾至开花期增施1～2次磷钾肥。不能施肥过量，也不能施浓肥。

4. 繁殖方法

山茶花常用扦插繁殖、嫁接繁殖、压条繁殖、播种繁殖和组培繁殖。

三十二、鹅掌藤栽培与养护

别名　七叶莲、七叶藤、七加皮、汉桃叶、狗脚蹄

1. 形态特征

鹅掌藤（图2-32）为藤状灌木植物。鹅掌藤叶柄极为纤细，圆锥花序顶生，开白色的小花。鹅掌藤的花期为7月，果期为8月，果实呈卵形。

2. 生长习性

鹅掌藤耐阴，耐寒，耐旱又耐湿，对土壤要求不严。鹅掌藤对阳光适应范围广，在全日照、半日照、半阴下均可生长良好。

3. 栽培养护

鹅掌藤需要在空气相对湿度保持70%～80%的环境下生长。春、夏、秋季和生长旺季，肥水管理间隔周期大约为1～4天，晴天或高温期间隔周期短些，阴雨天或低温期间隔周期长些或者不浇。秋、冬、春季给予充足光照，夏季适度遮阴。冬季休眠期，做到控肥控水。

图2-32 鹅掌藤

4. 繁殖方法

鹅掌藤常用扦插、播种和压条的方法繁殖。

（1）扦插繁殖

鹅掌藤往往在春秋两季选用当年生的枝条进行扦插繁殖。截取植株的顶生枝条，每段枝条长约8～10cm，带3个以上的叶节，将下部叶片全部去掉后插到砂床中，保持土壤湿润，温度维持在20～30℃，30天后就能生根。

（2）播种繁殖

最好选择当年采收的鹅掌藤的优良种子，以室内盆播的方式进行繁殖。发芽最适宜的温度为20～25℃，保持盆土潮湿，15天后即可发芽。当绝大多数的幼苗长出3片叶子后，就能上盆栽种了。

（3）压条繁殖

在健壮的鹅掌藤枝条顶端往下15～25cm的地方，将表皮剥掉1圈，宽度为1cm左右，用带有潮湿园土的薄膜包扎环剥的伤处，经过4～6个星期后即可生根。生根后最好把枝条边的根系一起剪下即可栽种。

三十三、棕榈栽培与养护

别名 唐棕、拼棕、中国扇棕、棕树、山棕

1. 形态特征

棕榈（图2-33）为常绿乔木植物。棕榈不分枝，无萌发能力；多为浅根性，无主根，

须根集中在30～50cm，易被风吹倒。棕榈对烟尘、二氧化硫、氟化氢等有毒气体的忍耐性较强，是城市园林绿化和居家养植的优良树种。棕榈4～5月开花，10～11月果熟。

2. 生长习性

棕榈喜温暖环境，要求充足的光照，耐寒，但不能忍受太大的日夜温差。棕榈喜湿润，忌积水，喜排水良好、肥沃、湿润的中性至微酸性土壤。

3. 栽培养护

盆栽棕榈春、夏、秋三季都要移至露天阳光下培育，北方地区冬季要移入室内。盆栽棕榈要求保持盆土湿润，并适当给植株喷水。可每年换盆1次，培养土中加足沤透的肥料。幼苗在生长期每月追施1次稀薄的饼肥水。

4. 繁殖方法

棕榈适宜采用播种法。可以在10～11月种子成熟时连果枝割下晾干播种，也可将种粒与湿砂混藏至来年春季播种。播种后用细土覆盖2～3cm，上面再覆一层稻草保湿，50～60天后即可出苗。

图2-33　棕榈

三十四、枷罗木栽培与养护

别名　枷罗水、矮紫杉

1. 形态特征

枷罗木（图2-34）为丛生灌木植物。枷罗木植株的株形十分矮小，呈半圆球形，密生枝平展或斜展。枷罗木的叶片短小，肉质肥厚；种子为紫红色，呈卵圆形；花期为5

图2-34　枷罗木

月，果期为9月。

2. 生长习性

枷罗木喜光照，比较耐荫蔽环境和寒冷气候，忌强光直射，最好生长在富含腐殖质且疏松潮润的酸性土壤或空气湿度比较大的环境中。枷罗木生长较为缓慢，忌水涝，喜肥，基部可萌蘖，耐修剪扎型。

3. 栽培养护

盆栽枷罗木所选用的基质通常为2份山泥、1份腐叶土混合后的培养土。春夏两季是枷罗木的生长旺盛期，需要每隔半个月施加1次氮肥，可连续抽2～3次梢；盛夏季节少施肥，多浇水；冬季盆土应保持稍干燥，少浇水，并不再施肥。每隔2～3年需要进行1次翻盆换土。

4. 繁殖方法

枷罗木多用扦插法进行繁殖。扦插最好选择在初春萌芽前进行，插穗最好切取当年生嫩枝并带有少部分的2年生枝，将枝条修剪成8～10cm长当作插穗，插到偏酸性的山泥土壤中。枷罗木在初夏季节即可生根和萌发枝叶。

三十五、六月雪栽培与养护

别名　满天星、白马骨、碎叶冬青

1. 形态特征

六月雪（图2-35）为常绿小灌木植物。六月雪叶对生，有短柄，常聚生于小枝上部，形状变化较大，多枝且密集，叶片通常为卵形至披针形，一般在六七月份开花，花小，白色。

2. 生长习性

六月雪喜在光照充足的环境下生长，比较耐阴，稍耐寒冷和干旱，忌强光直射。六月雪的生命力旺盛，对水土要求不高，适宜有良好排水性的肥沃土壤。

3. 栽培养护

一般情况下，六月雪盆栽多选择疏松肥沃的中性土壤比较合适，忌水涝。盆栽六月雪最好放到温暖的环境下，也可放到室内半个月左右用于观赏，切忌长时间放到室内。夏季要避开强光直射，否则叶片会变黄。在植株生长旺盛期最好施加1～2次肥料，盆土保持偏干燥，少施加肥水，否则易导致枝叶徒长。

六月雪盆栽要定时修剪，植株的萌蘖力比较强，为了保持植株的观赏性，需要及时修剪掉萌发的蘖条。由于六月雪的根系发达，一般盆景爱好者会用其做提根式盆景造型。六月雪一年四季均可移植或翻盆，以春季2～3月最为适宜。刚换盆或上盆栽植后应该将其放在半阴处，7天后即可恢复正常的养护。华东地区冬季六月雪盆栽要放到5℃以上的室内才能安全越冬。

4. 繁殖方法

六月雪经常采用扦插和分株的方法进行繁殖。

（1）扦插繁殖

六月雪一年四季均可进行扦插繁殖，用春季2～3月硬枝扦插或在梅雨季节用嫩枝扦插的成活率最高。梅雨季节扦插的枝条应适当作遮阴处理，冬季扦插的枝条需要放到温暖的室内进行养护。

（2）分株繁殖

分株繁殖在萌芽前的初春时期，或六月雪停止生长的秋末进行较好。

图2-35　六月雪

三十六、福建茶栽培与养护

别名 福建茶、猫仔树

1. 形态特征

福建茶（图2-36）为常绿小灌木植物。福建茶植株最高可达1～2m，分枝比较多；长枝上叶片为互生，短枝上叶片多簇生，革质，叶片的形状为倒卵形或匙状倒卵形，两面都比较粗糙，上面常覆盖着白色小斑点。春夏两季福建茶会开白色的花，腋生，有较长的花期；有圆圆的果实，也有近似于三角形的果实，成熟的果实呈红色或黄橙色。

图2-36 福建茶

2. 生长习性

福建茶喜温暖湿润的环境，耐阴，不耐寒，在充足的阳光下生长健壮，宜栽植于肥沃且疏松的土壤中。福建茶在华东地区只能盆栽。

3. 栽培养护

福建茶盆栽最好用山泥或塘泥作培养土。福建茶一般在初夏时翻盆或栽植，每隔2～3年翻盆1次。对福建茶水肥的管理要合理，盆栽时，特别是浅盆丛林式或提根式的大树型，宜保持充足的水分，不使盆土干燥，并要经常喷洒叶面水，盆土上培植一层青苔会更好。生长期中施加15%～20%的沤熟饼肥液肥2～3次即可生长良好。夏季要放入疏荫的环境下养护。除冬季外，春、夏、秋三季都要摘芽修剪，特别是成型的盆景，更要注意这方面的管理。华东地区霜降前要把盆栽的盆景移入室内向阳处养护，并减少浇水量，保持盆土的干燥状态，只要在8℃以上的室内即可安全越冬。

4. 繁殖方法

福建茶一般采用扦插的方法进行繁殖。插穗选择健壮的一年生枝条或当年生半熟枝，枝条截成8～10cm的长度，截口要平整，只留下上部的数片叶子，插到土壤中的深度为1/3穗长。基质最好选择用疏松肥沃的酸性砂质壤土，插后按紧，多浇水，搭棚遮阴，让土壤一直保持湿润状态就能生根，成活率比较高。在我国温暖的南方地区，福建茶也可用粗干插或根插，同样有较高的成活率。

三十七、狗尾红栽培与养护

别名 红穗铁苋菜

1. 形态特征

狗尾红（图2-37）为常绿灌木植物。狗尾红株高0.5～3m，叶宽卵形，互生，绿色，长10～20cm，宽6～16cm，先端长尖，基部圆或近心形，边缘有粗齿，叶柄上有一层柔毛。狗尾红为腋生穗状花序，雌花序圆柱状下垂，长约20cm，紫红色。

2. 生长习性

狗尾红喜温暖湿润的气候和肥沃的土壤，喜阳光充足，但不耐寒，生长适温为20～30℃。

3. 栽培养护

狗尾红盆栽培养土常采用腐叶土1份、园土1份，厩肥土和砻糠灰各半份混合后使用。每年清明后需翻盆换土1次，换盆后浇足水，放在阴凉处，7～8天后逐渐移到阳光下，这样有利于植株的生长发育。狗尾红移出室外要放在阳光充足和通风的场所养护。

图2-37 狗尾红

生长期每月施15%左右腐熟的饼肥水2次。夏季气温高，空气干燥，水分蒸发快，是植株生长的旺盛期，每天早晨要浇足水，傍晚若盆土干燥，要再补浇1次水。冬季移入室内阳光充足处，室温不能低于15℃，若温度在10℃左右时，叶片容易凋落。冬季盆土宜偏干些为好，若在低温和盆土过湿的情况下，植株很容易萎蔫枯黄。

4. 繁殖方法

狗尾红常采用扦插繁殖。一般在春季5～6月，选择当年生发育充实未木质化的嫩梢，剪成10cm左右长，每个插穗有2～4节，保留顶端叶2～3片，下端叶片除去，插于净砂中，浇足水，盖上帘子。晨盖晚揭，保持土壤湿润，一般20～30天即可生根。

三十八、红桑栽培与养护

别名 铁苋菜、血见愁、海蚌念珠、

1. 形态特征

红桑（图2-38）为常绿阔叶灌木植物。红桑株高一般为0.8～2m，枝条紧凑，冠形饱满；单叶互生，叶阔卵形，铜绿色，常杂有红色或紫色，叶缘有不规则锯齿。

2. 生长习性

红桑喜温暖湿润、阳光充足的环境，不耐寒，耐干旱，忌水湿。红桑要求疏松、排水良好的土壤，生长适温为22～30℃。

3. 栽培养护

红桑在夏季要避免强烈的直射光，一般要遮阴50%左右，9月份去除遮阴。生长季节可充分浇水，但忌盆内过湿，空气湿度宜在60%以上。夏季多浇水，冬季适当减少浇水次

图2-38 红桑

数。5 ～ 10月每1 ～ 2个月施1次以氮肥为主的复合肥，冬季停止施肥。每年春季换盆。

4. 繁殖方法

红桑多采用扦插繁殖，很容易成活。扦插一般在4 ～ 6月进行。选取成熟、充实的嫩茎，插穗长10 ～ 15cm，下端于节下0.5cm处剪断，保留顶端2 ～ 3片叶子，待剪口流出的乳汁晾干后，插入湿润的砂床，保持室温26℃左右和较高的空气湿度，适度遮阴，约20天即可生根，45天左右可移植上盆或室外定植。

三十九、朱蕉栽培与养护

别名 铁树

图2-39 朱焦

1. 形态特征

朱焦（图2-39）为常绿小乔木植物。朱焦植株普遍比较矮，茎直立，没有分枝，叶片为密集轮生，略长椭圆形的叶片上披针形，叶片为浓绿色，一般长10 ～ 15cm，宽2 ～ 4cm。朱焦会开出淡红色、青紫色至黄色的花朵，花梗一般很短，外轮花被片下半部紧贴内轮形成了花被筒，上半部在盛开的时候外弯或反折；雄蕊长在筒的喉部，比花被稍微短一些，花柱细长；花期为11月到次年3月。

2. 生长习性

朱焦喜光及半阴环境，适宜温暖湿润气候，不耐寒，忌盐碱土地。朱焦生长适温为22 ～ 28℃。

3. 栽培养护

朱焦栽培以肥沃、湿润、排水良好的砂壤土为宜。平常浇水不需过多，盆土宜保持

湿润，天气炎热时经常给叶面喷水。生长期每半月施1次肥，可用高硝酸钾肥。夏季温度较高时，适当遮阴降温。冬季生长温度控制在0℃以上。

4. 繁殖方法

朱焦多选择用扦插繁殖。顶芽作插穗效果较好，茎段、枝条以及地下匍匐根状茎也是扦插的材料，插穗一般选取有3～4节的茎段，在砂床上扦插，温度控制在20℃以上。母株的根孽芽也是繁殖材料。

四十、佛肚竹栽培与养护

别名 佛竹、罗汉竹、密节竹、大肚竹、葫芦竹

1. 形态特征

佛肚竹（图2-40）为灌木状丛生竹。佛肚竹秆高2m左右，节较密，节间甚短，基部显著膨大呈瓶形，每节分枝1～3枚，小枝有叶7～13片，卵状披针形或长圆状，绿色。佛肚竹形状特殊，富有观赏价值，尤其适宜盆栽。

图2-40 佛肚竹

2. 生长习性

佛肚竹喜温暖湿润气候，喜光，亦稍耐阴。佛肚竹适合生长在疏松肥沃、排水良好的酸性土或中性土的环境中。

3. 栽培养护

佛肚竹栽培以腐殖质丰富的砂质壤土为宜，需要经常进行浇水，保持土壤湿润，但盆内不可出现积水。夏季气温较高，早晚各浇1次水。冬季应将其移入室内，适当对其叶面进行喷水。佛肚竹施肥不宜过多，3～9月每月施1次腐熟稀薄的液肥即可。

4. 繁殖方法

佛肚竹采用分蔸移竹法或埋蔸、埋秆法繁殖。

（1）分蔸移竹法繁殖

分蔸移种要选择枝叶茂盛、秆茎芽眼肥大充实的1～2年生竹秆，在离秆25～30cm外围扒开土壤，由远及近，逐渐挖深，找出秆柄，切断秆柄，连蔸带土掘出，留2～3盘枝，从节间中部斜形切断，移植于挖好的栽植穴中。

（2）埋蔸、埋秆法繁殖

从生竹的蔸秆，节上的芽具有繁殖能力，因而还可以用埋蔸、埋秆法繁殖。选择强壮竹蔸，留竹秆长30～40cm斜埋于穴中，覆土厚15～20cm。在埋蔸时栽下竹秆，剪去各节侧枝，仅留主枝的1～2节作为埋秆材料。埋秆时，沟深20～30cm，将节上的芽向两侧，秆基部略低，梢部略高，微斜卧沟中，覆土10～15cm，略高出地面，再盖草保湿。由秆节隐芽发笋生根，即可育成新的植株。

四十一、七彩朱蕉栽培与养护

别名 七彩铁树

1. 形态特征

七彩朱蕉（图2-41）为木本观叶植物。七彩朱蕉叶片长20～30cm，边缘为红色，中央有数条鲜黄绿色纵条纹，叶柄长约4cm，抱茎而生。七彩朱蕉在株高30～50cm时观赏效果最好。

2. 生长习性

七彩朱蕉喜温暖湿润的环境，忌强光，不耐寒，对土壤要求不太高。

3. 栽培养护

七彩朱蕉盆栽一般种在砂质的园土中能生长良好。生长季节少量施肥有利于植株生长，但要注意保持养分的平衡，过多的氮肥不利于植株色彩的充分显现。每年清明后移到室外疏荫的环境下养护，夏季宜多浇水和喷水，以保持叶色的青绿饱满。生长期在室内摆设时应放在光线明亮的窗边。如放置在光线微弱的地方，20～30天之后应轮换到室外养护一段时间，以免叶色褪淡，失去观赏价值。霜降之前必须移入室内，冬天室温必须保持在8℃以上，才能安全越冬。

图2-41　七彩朱蕉

4. 繁殖方法

七彩朱蕉常采用扦插繁殖。一般切取茎段顶部6～10cm插于砂床中，20天后可生根，1个月后可上盆。约经3个月后，由侧芽长成的新茎又可切取顶部小芽进行扦插。温室终年均可扦插繁殖。

四十二、代代栽培与养护

别名　回青橙、玳玳橙、酸橙花

1. 形态特征

代代（图2-42）为常绿灌木植物。代代枝有刺，无毛；叶卵状椭圆形，叶柄通常有宽翅；果实扁球形，直径7～8cm，当年冬季成熟后呈橙黄色，如不采摘，第二年皮色变青，能4～5年不落；花为白色，芳香浓郁，单生或簇生；花期为4月末至5月初。

2. 生长习性

代代喜温暖湿润的环境，喜阳光照射，要求阳光充足，不耐阴。代代生长适温为20～30℃，越冬保持在0℃以上。

3. 栽培养护

代代除正常浇水外，遇到天气干燥时，还应经常喷水，使之保持湿润。夏天天气炎热，应注意适当遮阴，早晚各浇水1次，注意夏天或雨季放在室外受雨淋后要及时排水，不能使花盆内有积水。代代要求肥沃和排水良好的微酸性或中性土壤，宜用菜园土、黄泥、砻糠灰以3∶1∶1的比例配成营养土。开花前追施液肥2～3次，果熟后每20天

左右追肥1次，促进果实生长。

4. 繁殖方法

代代主要采用扦插和嫁接的方法繁殖。

图2-42　代代

四十三、福禄桐栽培与养护

别名　圆叶南洋森、圆叶南洋参

1. 形态特征

福禄桐（图2-43）为常绿灌木或小乔木植物。福禄桐分枝比较多，灰褐色的茎干密布皮孔；枝条较为柔软，叶互生，3小叶的羽状复叶或单叶；小叶的形状为宽卵形或近圆形，基部为心形，边缘有细锯齿；叶面碧绿色。

2. 生长习性

福禄桐喜温暖湿润和阳光充足的环境，耐半阴，不耐寒，怕干旱。福禄桐生长适温为15～30℃。

3. 栽培养护

福禄桐所选用的盆土可用腐叶土4份、园土4份、砂2份和少量沤制过的饼肥末或骨粉混合配制。生长期要有充足的水分供应，但不能浇水过多，避免造成积水烂根。夏季除浇水要充足外，还需每天给叶面喷水1次；秋冬季节则应减少浇水量，或以喷水代替浇水，盆土保持微润稍干即可。秋末冬初，当气温降至15℃时，要及时将其搬到室内，以免植株受到寒害。

图2-43　福禄桐

4. 繁殖方法

福禄桐主要采用扦插繁殖。

四十四、金钱树栽培与养护

别名 金币树、雪铁芋、泽米叶天南星、龙凤木

1. 形态特征

金钱树（图2-44）为多年生常绿草本植物。金钱树地上部分无主茎，不定芽从块茎萌发形成大型复叶，小叶肉质，有短小叶柄，坚挺浓绿；地下部分为肥大的块茎，羽状复叶自块茎顶端抽生，小叶在叶轴上呈对生或近对生。金钱树叶柄基部膨大，木质化，每枚复叶有小叶6～10对，新叶会不断更新。

2. 生长习性

金钱树喜暖热略干、半阴及年均温度变化小的环境，较耐干旱，怕寒冷，忌强光暴晒，怕土壤黏重和盆土内积水。金钱树萌芽力强，要求土壤疏松肥沃、排水良好、富含有机质、呈酸性至微酸性，生长适温为20～32℃。

3. 栽培养护

夏季每天给金钱树植株喷水1次以保持盆土微湿。冬季要注意给金钱树叶面和四周喷

水，使空气湿度达到50%以上。秋末冬初，当气温降到8℃以下时，应及时将其移到光线充足的室内。在整个越冬期内，温度应保持在8～10℃。冬季移放到室内的盆栽植株应给予补充光照。生长季节可每月浇2～3次0.2%的尿素加0.1%的磷酸二氢钾混合液，当气温降到0℃以下时，应停止追肥，以免造成低温条件下的肥害伤根。

4. 繁殖方法

金钱树适合采用分株、扦插的方法进行繁殖。

图2-44　金钱树

四十五、虎舌红栽培与养护

别名 红毛毡、毛凉伞、乳毛紫金牛、[illegible]

1. 形态特征

虎舌红（图2-45）为多年生矮小常绿灌木植物。虎舌红有匍匐的木质根茎，直立茎高不超过15cm，幼时叶片有锈色卷曲长柔毛，以后逐渐减少；叶互生或簇生于茎顶端，叶片纸质，倒卵形至长圆状，针状，顶端急尖或钝圆，基部楔形或狭圆形，长7～14cm，宽3～5cm，边缘有不明显的疏圆齿，两面绿色或暗紫红色，毛基部隆起如小瘤，有腺点，以背面尤为明显，侧脉6～8对，不明显；叶柄长5～15mm。虎舌红的花期为7～9月，果期为10月，可一直挂果到来年的3～4月。

2. 生长习性

虎舌红喜温暖、潮湿、半阴环境，较耐阴，忌强光暴晒；喜凉爽，怕寒冷，怕空气

图2-45 虎舌红

干燥；栽培以疏松肥沃、排水良好、富含有机质的微酸性砂壤土为好。虎舌红生长适温为16～28℃，能耐-2℃的低温。

3. 栽培养护

虎舌红在生长季节浇水要充足。夏季气温高达40℃时，应采取通风、遮阴、喷水等措施。温度上升且空气比较干燥时，要增加叶面喷水的次数，可每天喷水2～3次，但盆土内不得有积水。开花期间要停止喷水，以免影响授粉结果。秋末冬初气温降低至10℃时，植株停止生长，要减少浇水量，保持盆土湿润即可。盆栽虎舌红植株在室内越冬时，室温最好保持在10℃以上。冬季宜每周浇1次透水，并在叶面喷洒少量与室温相近的水。

虎舌红秋末至早春在室内养护期间，要给予植株比较充足的光照，若冬季光照不足，易导致叶片褪色、果实暗淡，降低观赏价值。如果虎舌红长期生长在室内，叶片易积灰尘，使生长受到影响，在条件许可的情况下，可定期将植株放到室外树荫下或荫棚中，进行一段时间的恢复性调理，以保持其良好的长势和观赏效果。可每半月松土1次，使其根系始终处于通透良好的状态。梅雨季节、大暴雨后要及时排除盆土积水，以免植株烂根枯死。生长季节定期给予追肥。

4. 繁殖方法

虎舌红应选用播种、扦插以及嫁接的方法进行繁殖。

（1）播种繁殖

种子成熟后即可采收，装入瓶中，置于干燥、通风、阴凉处，来年4～5月播种。选择落叶阔叶林下的腐殖土或泥炭土，内加1/5的细砂做成播种床。将种粒均匀撒播于苗床中，覆土至不见种粒，架塑料拱棚保湿，或加盖湿苔藓保湿，50～60天后即可发芽生根。长出3～4片叶时移栽上盆。加强水肥和遮阴管理，2年生幼苗可高达15cm，3年生植株即可开花结果。盆栽植株也可不采种，种子可在植株上自行发芽，落入盆土内长出新植株，新植株长出2片真叶后即可移栽上盆。

（2）扦插繁殖

扦插繁殖可于梅雨季节进行。基质可用腐殖土、泥炭土、蛭石等，也可用淋去碱性的砻糠灰与细砂2：1混合配制。插穗选择生长健壮的半木质化稍强的枝条，长6～7cm，带梢端的2个叶片，扦插入土深度约为穗长的1/3，罩塑料薄膜保湿，同时搭棚遮阴，1个月后即可生根，待其长出新叶后再移栽。

（3）嫁接繁殖

可用朱砂根等为砧木，在春季刚萌发时嫁接，砧木在离地面4～5cm处截断，接穗取3cm长的健壮枝梢，采用劈接法，接后套塑料袋保湿，20天后即可发芽，可很快形成较大的植株。

四十六、栗豆树栽培与养护

别名 澳洲栗、绿宝石、元宝树、绿元宝

1. 形态特征

栗豆树（图2-46）为常绿乔木植物。栗豆树为小叶互生，叶为奇数羽状复叶，略长椭圆形的叶面为披针状，长为8～12cm，全缘革质；荚果长达20cm，种子为椭圆形，大如鸡蛋，可供烤食。

2. 生长习性

栗豆树喜温暖湿润的环境，忌光照过强或暴晒。栗豆树喜高温，最适宜的生长温度为22～30℃。

3. 栽培养护

栗豆树适合种在疏松肥沃的壤土或砂壤土中，排水须良好，冬季忌盆土长期潮湿。

图2-46 栗豆树

幼株耐阴，成株日照须充足，可放在室内散射光较强的地方。栗豆树四季需水量都较大，每周2～3次透水浇灌较为适宜，生长期需增加浇水量，空气干燥时每日喷洒叶片，保持环境湿润。栗豆树对肥料的需求量不大，适当施肥能使茎秆粗壮，叶片繁茂，生长期每2～3个月施肥1次。

4. 繁殖方法

栗豆树可进行播种繁殖。

四十七、蓬莱松栽培与养护

别名 绣球松、水松、松叶文竹、松叶天门冬等

图2-47 蓬莱松

1. 形态特征

蓬莱松（图2-47）为常绿灌木植物。蓬莱松有小块根，有无数丛生茎，多分枝，灰白色；叶状枝纤细扁线形，针状，似五针松，3～8枝丛生。蓬莱松的花淡红色或白色，1～3朵簇生，有香气，花期为7～8月。

2. 生长习性

蓬莱松喜在温暖潮湿的环境下生长，忌强光直射和低温，盛夏季节要注意遮阴，寒冷冬季要进行充足的光照，冬季温度维持在5℃以上可安全越冬。

3. 栽培养护

蓬莱松在夏季要注意遮阴，生长季节需要充足的水分，要浇足水，但不能积水，栽

培土以疏松肥沃的腐叶土为好。秋后气温下降，应减少浇水量。北方冬季要移入温室越冬，放在阳光充足处。夏季生长期每月施肥1次，多施氮肥、钾肥。每年春季进行换盆。

4. 繁殖方法

蓬莱松常采用播种或分株的方法繁殖。

（1）播种繁殖

蓬莱松的播种繁殖多以室内盆播的方式进行。具体操作是在3～4月时，用成熟的蓬莱松种子进行随采随播。将种子点播到浅盆中，种子间距约为1cm，覆以薄土，浇水后再盖上玻璃。一般情况下，20天左右即可发芽。等到幼苗长到5～8cm高时，即可上盆栽种。

（2）分株繁殖

蓬莱松的分株繁殖可结合春秋两季换盆进行。首先将母株分为若干个小丛。分株的时候需要小心操作，注意不要伤根。最后再按照株丛的大小种到相应尺寸的花盆中即可。

四十八、清香木栽培与养护

别名 细叶楷木、香叶子

1. 形态特征

清香木（图2-48）为常绿灌木或小乔木植物。清香木叶片为偶数羽状复叶，有清香，嫩叶呈红色；8～10月为清香木的挂果期，果实呈红色。

图2-48 清香木

2. 生长习性

清香木喜阳光，亦稍耐阴，喜温暖，萌芽力强，生长缓慢，寿命长。清香木植株能耐-10℃的低温，但幼苗不耐寒，在华北地区需加以保护。清香木喜不易积水的土壤，要求土层深厚。

3. 栽培养护

清香木浇水不要太勤，3～5天浇1次为宜，每次浇水一定要浇透水，要浇湿底部。浇水太多会出现烂根的现象。清香木对肥料较敏感，幼苗尽量少施肥甚至不施肥，避免因肥力过足，导致苗木烧苗或徒长。泥土一定要透水性好，土壤应尽量保持干燥、疏松。清香木喜光，可以每天接受日光照射，但不要长时间暴晒，一般放在阳台或室内有阳光的地方。清香木对温度的要求不是很高，越冬时放于室内。

4. 繁殖方法

清香木主要用播种繁殖，也可用扦插繁殖。

四十九、榕树栽培与养护

别名　细叶榕、山榕、千根树

1. 形态特征

榕树（图2-49）为大乔木植物。榕树的叶片薄且革质，叶子的形状有椭圆形或倒卵状椭圆形，侧脉3～10对，树干的主枝上长有气生根；隐头花序，雌雄同株，花间有少量短刚毛。榕树的花期为5～6月，果期为10～11月。

图2-49　榕树

2. 生长习性

榕树生性强健，喜光，喜温暖湿润气候，不喜肥，耐水湿，耐阴，不耐寒。榕树生长适温为20～28℃，昼夜温度相差不宜过大。

3. 栽培养护

榕树在浇水时要遵循“见干见湿”的原则，不需要经常浇水。当空气干燥时，要多向叶面喷水，以增加其空气湿度。最好在正午前向叶面或周围环境喷水。每月施1次复合肥，以氮、磷、钾肥为主，施肥时注意沿花盆边将肥埋入土中，施肥后立即浇水。平时要注意放置在通风透光的地方，在夏季时要注意适度遮阴。榕树可用砂壤土混合煤炭渣栽种。

4. 繁殖方法

榕树多采用压条、扦插以及播种的方法进行繁殖。

五十、石楠栽培与养护

别名 石楠千年红、扇骨木

1. 形态特征

石楠（图2-50）为常绿灌木或小乔木植物。石楠叶互生，叶柄粗壮，叶片革质，长椭圆形、长倒卵形或倒卵状椭圆形，幼时中脉有绒毛，成熟后两面皆无毛。

2. 生长习性

石楠喜温暖湿润的气候，喜阳光照射，稍耐阴，萌芽力强，耐修剪。石楠对土壤要

图2-50 石楠

求不严，以肥沃湿润的砂壤土最为适宜。石楠耐寒，能耐短期-15℃左右的低温。

3. 栽培养护

石楠在生长期需水量较大，每周应浇3～4次水以保持盆土湿润。冬季浇水量应逐渐减少，1个月2～3次即可，平常可多给叶片喷水，保持叶面湿度。生长季节每1～2周施1次氮肥，浓度控制在3%左右，促进叶片浓绿。石楠栽培以质地疏松肥沃、排水良好、呈酸性至中性的土壤为宜。久置于室内后须移至阳光直射的地方一段时间，以免叶色暗淡。夏季炎热高温时，应适度遮阴，以免叶片灼伤。冬季生长温度不低于-10℃可安全越冬。

4. 繁殖方法

石楠以播种繁殖为主，亦可用扦插繁殖、压条繁殖。

五十一、华灰莉木栽培与养护

别名 灰莉木、灰莉、箐黄果

1. 形态特征

华灰莉木（图2-51）为常绿灌木或小乔木植物。华灰莉木茎长可达4m，叶对生，长约15cm，椭圆形，先端突尖，厚革质，表面暗绿色。华灰莉木花为伞房状集伞花序，花冠高脚碟状，裂片卵圆状长椭圆形，花冠筒长6cm，象牙白，芳香浓郁，种子顶端有白绢质种毛。华灰莉木的花期为5月，果期为10～12月。

2. 生长习性

华灰莉木喜温暖，喜阳光充足，忌强光直射，喜空气湿度高、通风良好的环境。华

图2-51 华灰莉木

灰莉木萌芽、萌蘖力强，耐修剪。华灰莉木要求疏松肥沃、排水良好的砂壤土，生长适温为18～30℃。

3. 栽培养护

华灰莉木在华南地区地栽可露地越冬，北方地区盆栽则要求冬季室温不低于5℃，江淮地区盆栽冬季须在室内越冬。室内温度若低于-2℃，嫩梢易被冻死。华灰莉木春秋两季可接受全光照，夏季则要搭棚遮阴或将其搬放在大树浓阴下，要避开中午前后数个小时的直射光照。特别是在6～7月久雨后遇到晴天，气温猛然上升，光照强烈时，一定要做好遮阴工作以防幼嫩的新梢及叶片被灼伤。华灰莉木地栽或盆栽都要求有充足的水分供应，春秋两季以保持盆土湿润为度；梅雨季节要谨防盆土积水；夏季应于上午、下午各浇淋1次水，以增湿降温；冬季要减少浇水，保持盆土微潮，并在中午前后气温相对较高时，给予适量的叶面喷水。

华灰莉木每年秋末冬初进行1次松土，生长季节每月松土1次，每隔1～2年换土1次。盆栽基质可用6份腐叶土、2份河砂、1份沤制过的有机肥、1份发酵过的锯末屑配制，盆栽植株在生长季节每月追施1次稀薄的饼肥水，并于5月开花前追施1次磷钾肥，促进植株开花。此外，还应于秋后再补施1次磷钾肥，以利过冬。为防止叶片黄化，生长季节可浇施2%～0.3%的硫酸亚铁。

4. 繁殖方法

华灰莉木可采用播种、扦插、分株以及压条的方法进行繁殖。

（1）播种繁殖

10～12月采集成熟的果实，脱出种粒后，将其撒播于疏松肥沃的砂壤苗床中，覆土厚度2～3cm，并加盖稻草保湿防寒；或将其种子砂藏至来年春天种粒裂口露白后再播种。秋末冬初播下的种子，要到春天才能出苗，出苗后应及时揭去覆草，加强水肥管理，入夏后搭棚遮阴，可培育出干形较好的高大植株。

（2）扦插繁殖

在梅雨季节，剪取1～2年生枝条作插穗，穗长15～20cm，有3～5个节，带3～4片叶，最好有顶芽，扦插于泥炭土、砂壤、蛭石或黄心土中（以泥炭土中生根效果最佳），生根适温为20～30℃，1个月后即可生根，成活率很高。

（3）分株繁殖

3～4月植株刚萌发时，将丛状植株从花盆中脱出，或将地栽丛状植株掘起，抖去部分宿土，在根系结合比较薄弱处，用利刀切割开，每丛带2～3根茎干，并带有一部分根系，分别地栽或盆栽。靠近地面的根系会长出许多萌蘖，可将其根系带萌蘖截断后另行栽种。

（4）压条繁殖

4月时可在基部萌发的2～3年生健壮枝条的中下部环状剥皮或刻伤，强行按压至地面已开挖好的沟槽中，上覆厚土，40～50天后即可生根，到了7月中旬再将其与母株分离，另行地栽或上盆，此法应用比较普遍。对盆栽植株也可用塑料薄膜包裹湿苔绑扎在已刻伤皮层的粗壮枝条下部，进行高压繁殖。

五十二、金脉爵床栽培与养护

别名 金叶木、黄脉爵床、明脉爵床

1. 形态特征

金脉爵床（图2-52）为常绿灌木植物。金脉爵床株高可达150cm，但盆栽株高一般为50～80cm；叶对生，无叶柄，阔披针形，长15～30cm，宽5～10cm，先端渐尖，基部宽楔形，叶缘有钝锯齿，叶片嫩绿色，叶脉粗壮呈橙黄色。金脉爵床夏秋季开黄色的花，花为管状，长4～5cm，簇生于短花茎上，每簇8～10朵，整个花簇被1对鲜红色的苞片包围；花期为6～8月。

2. 生长习性

金脉爵床喜温暖湿润的半阴环境，喜暖热，怕寒冷；喜亮光，忌直射强光；喜湿润，怕干旱燥热。金脉爵床栽培以疏松肥沃、排水良好的微酸性砂壤土为佳。金脉爵床生长适温为20～30℃，越冬温度为10℃。

3. 栽培养护

金脉爵床不耐寒冷，气温降至13℃时，植株生长缓慢或进入休眠状态；气温低于10℃时，叶片易受寒害而枯黄脱落。北方地区金脉爵床盆栽应于10月将其搬放于室内的向阳处；长江流域金脉爵床盆栽当秋末北方冷空气南下时，可先将其搬放至室内，待气温恢复到15℃左右时，再移到室外养护一段时间。室内温度过高、通风不良易导致植株落叶或引起其他病虫害。夏季气温达32℃以上时，应及时搬到阴凉处，并给予喷水增湿降温，使其能安全度夏。春秋两季宜适度遮光。

金脉爵床盆栽在春秋两季可搁放于南向阳台内侧，夏季应搁放于北向阳台，并避开强光直射。室内盆栽要放置于光线明亮处。长时间搁放于室内养护的金脉爵床植株，在移到室外进行恢复性养护时，应先将其搁放于半阴处，避开强光直射。金脉爵床要求空气湿度为70%～80%，不低于50%，在冬季休眠时，则要求稍微干燥一些。金脉爵床生长期间浇水要适量，水分过多会致使其生长停滞，甚至烂根，水分不足又会使叶片萎蔫下垂。夏季浇水要充足，每天给叶面喷水2～3次，以维持较高的空气湿度；仲秋以后应节制浇水，以免新梢过嫩难以安全过冬；入冬植株休眠后，应经常用与室温相近的水喷淋叶面。

金脉爵床盆栽用土可用腐叶土5份、园土3份、河砂2份，内加适量沤制过的饼肥末混合配制。生长季节每月给盆栽植株松土1次，梅雨期间要经常检查，避免因盆土积水导致植株烂根。为维持良好的株形，除必须定期进行修剪和摘心外，还应于早春或秋末换盆时，进行修剪，控制高度，促发侧枝，使其枝繁叶茂。除盆土内必须有充足的基肥外，还应保持氮、磷、钾三要素的均衡供应。

4. 繁殖方法

金脉爵床多采用扦插和分株的方法进行繁殖。

（1）扦插繁殖

扦插繁殖可于春秋两季进行。剪取生长健壮的枝条，截成长8～10cm的穗段，尤以带顶芽的穗段最佳。因其叶片大而薄，应剪去下部的叶片，并将上部的叶片剪掉一半。

图2-52　金脉爵床

将其插入素砂、蛭石或由淋去碱性的砻糠灰与细砂2 ：1配制成的混合基质中，插入基质的深度为穗长的1/2 ～ 2/3。喷透水后蒙罩塑料薄膜保湿，维持20 ～ 25℃的环境温度，适当给予遮阴，2 ～ 3周后即可生根。不带顶芽的中部枝段生根速度要慢一些。

（2）分株繁殖

通常于春季前后结合翻盆换土进行。将大丛植株从花盆中脱出，抖去部分宿土，从根茎结合薄弱处切分成几个小丛，另行选盆栽种。

五十三、紫背叶栽培与养护

别名　紫背爵床、紫金叶

1. 形态特征

紫背叶（图2-53）为多年生常绿灌木植物。紫背叶植株的根垂直，灰绿色的茎直立，没有毛或长有稀疏的短毛。叶质比较厚，顶生裂片大，宽为卵状三角形，具有不规则的叶齿，长圆形的侧生裂片有波状齿，上面呈深绿色，下面往往变成紫色；中部茎叶疏生，比较小，没有柄；上部叶少数为线形。在紫背叶开花前，头状花序下垂，花期过后直立；花序梗非常纤细，总苞圆柱形黄绿色的，约与小花等长，背面无毛。小花粉红色或紫色，管部细长；冠毛丰富，白色，细软。紫背叶的花果期为7 ～ 10月。

2. 生长习性

紫背叶喜温暖，不耐寒冷；喜湿润环境，不耐干旱和空气干燥；喜半阴，忌强光暴晒。紫背叶栽培以疏松肥沃、排水良好的微酸性土壤为宜。紫背叶的生长适温为18 ～ 30℃。

图2-53　紫背叶

3. 栽培养护

紫背叶在春秋两季可搁放于南向稍离窗口的位置，夏季可搁放于东向窗前，冬季可搁放于南向窗前，让其多接受光照。春秋两季为紫背叶的生长旺盛期，应始终保持盆土湿润，但盆土内不得有积水。北方地区空气比较干燥时，还要经常给叶面喷水；夏季温度达30℃以上时，除保持盆土湿润外，还要给叶面和植株四周喷水，以增加空气湿度，为其创造一个相对湿润凉爽的环境；秋末冬初气温降至13℃左右时，植株生长停止，进入休眠状态，应减少浇水，将其搬入有暖气的室内；冬季要维持盆土微润，每周用水喷淋1次植株。

紫背叶所用的基质可用泥炭土或腐叶土，外加一些河砂配制。生长季节需经常给植株松土，以防因土壤板结或积水而导致烂根；梅雨季节或遇到连续阴雨天气，要加强管理，将其移放到雨水淋不到的位置。为了调整株形和促进生长，可于春季对植株进行重剪平茬并换盆，剪下的枝条还可作插穗。

紫背叶处于生长季节时，应每半月给盆栽植株追施1次稀薄的液态肥，但应少施氮肥，多施磷钾肥，以免氮肥过多，引起茎叶徒长，叶片褪色失去光泽。注意有机肥液不要溅落在叶片上，以免诱发叶部病害。秋末冬初气温降至15℃以下或夏季气温超过32℃时，均应停止施肥。

4. 繁殖方法

紫背叶多采用扦插和分株的方法进行繁殖。

（1）扦插繁殖

只要温度条件许可，全年均可进行。一般可于春秋两季进行，剪取长8～10cm的茎段，带4～5个节，切口最好位于节下0.2cm处，摘去下部的2对叶片，保留上部的1对叶片或2对半片叶。切口可用生根药液沾3～5秒钟，再扦插于素砂、蛭石或泥炭土中，也可用淋去碱性的砻糠灰与湿砂2：1配制成的混合基质，蒙罩塑料薄膜保湿，维持20～25℃的生根适温，适当给予遮阴，插后15～20天即可生根。

（2）分株繁殖

盆栽大丛植株可于春天结合翻盆进行分株。将植株从花盆中脱出后，抖去部分宿土，用利刀从根茎结合薄弱处切开，分成数个小丛，并对茎干进行修剪，再另行选盆栽种。

五十四、长寿果栽培与养护

别名 香瓜茄、香艳梨

1. 形态特征

长寿果（图2-54）为落叶灌木或小乔木植物。长寿果植株矮小，株高40～60cm，枝叶短状，枝条灰褐色，叶片椭圆形至广椭圆形，绿色，边缘有圆钝的锯齿。

2. 生长习性

长寿果喜在光照充足、干燥凉爽的环境下生长，耐寒，忌潮湿。长寿果的生长基质最好是富含腐殖质、疏松肥沃以及具有良好排水性的砂质土壤。长寿果对温度条件较为敏感，生长适温为10～28℃。

图2-54 长寿果

3. 栽培养护

长寿果在生长旺盛期，应保持土壤潮润且不积水。花芽分化期在每年的6月份，应当控制浇水，最好每2～3个星期浇1次水，等到幼叶萎蔫的时候再浇水，以便促进花芽的形成。植株在生长前期可施加少量氮肥，6月后则应少量施肥或停止施加氮肥，为了提高果实的品质与植株的观赏效果，可适量施加磷钾肥以及钙、镁等微量元素，从而促使枝条发育充实，花芽尽快形成。长寿果应该在富含腐殖质、疏松肥沃以及排水性良好的砂质壤土中生长。盆土可选择用1份腐叶土、1份园土，0.5份粗砂，并加入少量腐熟的动物粪便混合而成，移栽或上盆多在每年的春季进行。生长期要光照充足，倘若长寿果得不到充足的光照，果实的颜色、株形以及结果都会受到不良影响。此外，高温和低温环境都不利于长寿果的生长，需要采取一定的保温措施。

4. 繁殖方法

长寿果可选择的砧木包括海棠、山荆子或苹果的实生苗，接穗应选择健壮的长寿果枝条或中部稍靠上的饱满芽，利用劈接、切接或芽接的方法进行嫁接繁殖。

五十五、垂叶榕栽培与养护

别名 垂榕、垂枝榕、细叶榕、白榕

1. 形态特征

垂叶榕（图2-55）为高大乔木植物。垂叶榕高7～30m，盆栽呈灌木状；树冠自然分枝多，枝叶自然下垂；叶互生，长5～12cm，宽3～5cm，基部圆形，叶端细尖，椭圆形，革质，亮绿色，有光泽，有的品种有美丽的彩斑。垂叶榕的花期为11月，花单生或叶腋对生，隐头花序，果熟后呈黄色或红色，盆栽一般不开花。

2. 生长习性

垂叶榕喜温暖湿润和光线明亮的环境，忌低温干燥，耐阴性稍强，耐瘠薄，抗风耐潮，耐大气污染。垂叶榕对土壤要求不严，适应性较强，生长适温为22～28℃，冬季生长温度不低于6℃。

3. 栽培养护

垂叶榕对光照的适应性较强，对光线的要求不严格，盆栽最好置于光线明亮处养护。长期日照不足会使节间变长、叶片垂软、长势衰弱，在阳光下则叶片肥厚、富有光泽。夏季应适当遮阴，其他时间不需遮阴，但垂叶榕花叶品种忌阳光直射，直射光下黄斑极易退色。垂叶榕喜高温多湿，忌低温干燥，生长旺盛期需充分浇水。盆土干燥脱水时，易造成落叶，顶芽也会变黑干枯。在夏季，除正常浇水外，应每天向叶面及花盆四周多喷水，保持较高的空气湿度，对其新叶的生长十分有利。冬季则控制浇水，盆土过湿容易烂根，应待盆土干时再浇水。

在4～10月，每月需对垂叶榕施1次液体肥料或腐熟的有机肥，肥料以氮肥为主，适当配一些钾肥，可使叶色浓绿。施肥过多会引起肥害。小型盆栽宜每年4月换盆1次，大型盆栽可2～3年换盆1次，以补充生长所需的养分。盆栽土可用腐叶土3份、园土2

份和粗砂1份，加入少量的基肥混合配制，pH值最好在6.0～7.5。茎叶生长繁茂时要进行修剪，可促使萌发更多侧枝，剪除交叉枝和内向枝，对密枝、枯枝及时剪除，以利于通风透光，保持优美的株型。

4.繁殖方法

垂叶榕多选择用扦插和压条的方法进行繁殖。

（1）扦插繁殖

一般在5～6月进行。选取生长粗壮的垂叶榕成熟枝条，取嫩枝顶端，长约10～12cm，剪掉下部叶片，上部留2～3片叶子，剪口有乳汁流出，可用清水洗去或沾上草木灰，再插于砂床中，温度保持24～28℃，并注意遮阴保湿。插后1个月左右可生根，很容易成活。

（2）压条繁殖

一般在4～7月进行。选择垂叶榕母株上半木质化的顶枝，在上部留3～4片叶子，离顶端15cm处进行环状剥皮，然后用湿润的苔藓或腐叶土等包裹，再用塑料膜捆扎。在25℃的条件下，注意浇水保湿，1个月左右可生根，待其长至30cm左右可剪下定植或上盆。

图2-55　垂叶榕

五十六、百叶丝兰栽培与养护

别名 千手兰、千寿兰、剑叶丝兰

1. 形态特征

百叶丝兰（图2-56）为常绿灌木或小乔木植物。百叶丝兰的树干为棕色，略带弯曲的叶长在树干顶部，紧密地排列成莲座状，丛生；叶为剑形，质硬，叶端尖，非常锋利。

2. 生长习性

百叶丝兰喜阳光充足、温暖、潮湿的环境。百叶丝兰的生长适温为15～25℃。

3. 栽培养护

百叶丝兰在炎热的夏季宜放在室外阳光充足的地方养护，冬季要放在室内养护，保持5℃以上的室内温度。栽植盆土可用腐叶土、黏土和少量肥料混匀即成。浇水不可过多，以“见干见湿”为原则，排水应良好。

4. 繁殖方法

百叶丝兰多采用分株和扦插的方法进行繁殖，成活率很高，方法也比较简单。春季3月的时候截取百叶丝兰的地上部分，将距离基部10～15cm的叶片全部剪除，可直接种植在基质中。也可将整株百叶丝兰挖出来，用锋利的刀子切分成若干株进行栽植。

图2-56　百叶丝兰

五十七、海桐栽培与养护

别名　海桐花、山矾、七里香、宝珠香、山瑞香

图2-57　海桐

1. 形态特征

海桐（图2-57）为常绿灌木或小乔木植物。海桐树冠圆形，叶互生，老枝灰绿色，嫩枝绿色，叶群生在嫩枝顶部，成倒卵状椭圆形，革质，叶面有光泽。

2. 生长习性

海桐喜阳光，耐阴，不耐寒。海桐生长适温为15～30℃，最低生长温度在5℃以上。

3. 栽培养护

海桐在冬季要放在室内越冬，夏季可放在室外养护，适当遮阴。夏季应经常浇水，保持盆土的湿润。海桐生长季节约2周施1次肥，平时可不施肥。每年春季进行修剪和换盆，以保株形完美和生长的旺盛。

4. 繁殖方法

海桐多采用播种或扦插的方法进行繁殖。

（1）播种繁殖

在10～11月份摘取成熟的蒴果，取出藏在胶质果肉内的种子。也可将蒴果摊放一段时间，等到果皮开裂后再敲打出种子。将种子浸湿后掺杂草木灰搓擦假种皮及胶质，冲洗获得净种。果实的出种率大概在15%左右。种子忌太阳光照射，次年在3月中旬进行播种，运用条播法，种子发芽率大概在50%左右。幼苗生长较为缓慢，一般情况下，实

生苗需要生长2年才能上盆，3～4年生的海桐植株才能带土团定植。

（2）扦插繁殖

在早春新叶萌发前剪取1～2年生嫩枝，截成每段长15cm，插到湿砂床内，进行弱光照射，对枝条喷雾，以增加空气湿度，大概20天后即可生根，45天左右就能移到室外培育，2～3年生的海桐植株可以进行上盆或室外定植。

五十八、琴叶榕栽培与养护

别名　琴叶橡皮树

1. 形态特征

琴叶榕（图2-58）为常绿乔木植物。琴叶榕植株较高，茎干直立，很少有分枝；叶片生长比较密集，十分肥厚，呈革质；叶片的颜色为深绿色，富有光泽；叶脉凹陷，节间比较短；叶片宽阔，叶形奇特，叶片似提琴状。

2. 生长习性

琴叶榕喜温暖湿润及半阴环境，对湿度要求比较高，抗寒能力较强，能耐5℃左右的低温，喜肥水，要求疏松、透气、肥沃、排水良好的土壤。

图2-58　琴叶榕

3. 栽培养护

琴叶榕在北方冬季要在室内养护，保持一定的湿度和光照。琴叶榕在夏季高温高湿环境中生长较快，生长阶段要求在较强的光照条件下养护。夏季可以多浇水，春秋季2～3天浇1次水，冬季少浇水，可5～6天浇1次水，浇水掌握“见干见湿”的原则。生长季节可半月施1次稀薄液肥。每年新梢生长前要换盆，并适当修剪，以促使其新芽萌发。

4. 繁殖方法

琴叶榕多采用扦插繁殖和高压繁殖。

（1）扦插繁殖

琴叶榕进行扦插繁殖的时候，需要选取1～2年生的琴叶榕枝干，在距离盆土20～30cm的地方剪下，将枝条切为3～4节的茎段，并将叶片剪掉2/3～3/4，用来降低水分蒸发。为了避免汁液流出，先将插穗伤口浸到清水中或用草木灰沾伤口，再插到河砂或珍珠岩为基质的插床上。与此同时，需要保持25～30℃的生长温度，增加植株周围的空气湿度，30天左右即可生根。

（2）高压繁殖

琴叶榕多在每年的4～8月进行高压繁殖。具体操作是选择琴叶榕母株上半木质化的顶枝，在上部留下3～4片叶子，在枝条的下方进行环状剥皮或舌状切割，用苔藓等包裹住伤口，用塑料薄膜进行捆扎，大概40天即可生根。等到其长到30cm左右，就能定植或上盆。

五十九、孔雀木栽培与养护

别名 线叶假楤木、手树

1. 形态特征

孔雀木（图2-59）为常绿灌木植物。孔雀木盆栽时常在2m以下，树干及叶柄有乳白色斑点；掌状复叶，革质互生，小叶5～12枚，叶缘有粗锯齿，幼叶紫红色，老叶深绿色，叶脉褐色，总叶柄细长。孔雀木斑叶品种叶缘有乳白色斑纹，叶片短宽，小叶仅有3～7枚，生长缓慢，观赏价值极高。

2. 生长习性

孔雀木喜温暖湿润的环境，要求明亮的光照，但不耐强光直射，稍耐阴，耐寒性差。孔雀木生长适温为20～25℃，越冬温度不宜低于15℃，如果低于8℃易受冻害，叶片会受损伤。冬季生长温度忽高忽低时植株易受冻害。

3. 栽培养护

孔雀木栽培养护过程中不宜过分遮光，可置于明亮处养护，夏季忌强光直射，如在室外养护须遮阴。秋冬季要多接受日光照射，若光线不足易导致枝条徒长，影响观赏价值。生长季要求盆土湿润，最好在盆土稍干时再彻底浇水，遵循“见干见湿，浇则浇透”的浇水原则。空气过于干燥时，叶尖易干枯，应经常向叶面及植株周围喷雾，保持较高

图2-59　孔雀木

的空气湿度，有利于植株生长。冬季植株呈半休眠状态，应减少浇水，停止施肥，增加光照，放在温暖避风处养护。4～10月可每月追肥1次腐熟的有机肥或以氮、磷、钾为主的复合肥，施肥掌握薄施、勤施的原则。

孔雀木栽培以疏松肥沃的壤土为好，可用腐叶土3份、园土2份、河砂1份混合制成培养土，一般春季上盆。为提高观赏性，可每盆栽植3～4株幼苗。每年抽生新芽后，可适当摘心以促使分枝，形成丰满的株型。栽植多年的老植株，若上部枝条干枯，春季应施行强剪，再充分施肥，促使其萌生新枝叶，使姿态更美观。

4. 繁殖方法

孔雀木多选用扦插繁殖，一般在4～6月份进行。选1～2年生茎或枝，插穗长8～15cm，除去下部叶片，下端剪口可沾上少许生根剂，插于砂床或蛭石中，温度在25℃左右，保持基质湿润，每天喷水2～3次，约1个月生根，待新芽长出后即可盆栽。

六十、印度橡皮树栽培与养护

别名　胶榕、印度橡胶树、印度榕、橡皮树、垂叶胶榕

1. 形态特征

印度橡皮树（图2-60）为常绿乔木植物。印度橡皮树全株光滑，有乳汁；树型高大，室内盆栽株高1～3m；叶片宽大有长柄，叶长30～50cm，长卵形，厚革质，有光泽，互生；叶片正面暗红色或红绿色，背面呈浅绿色，叶片稍下垂。印度橡皮树盆栽一般不开花，隐花果长椭圆形，果熟时为紫黑色。

2. 生长习性

印度橡皮树喜温暖湿润、阳光充足的环境，稍耐阴，不耐寒，要求疏松肥沃的土壤，

在中性或偏酸性土壤中生长良好。印度橡皮树生长适温为20～32℃。

3. 栽培养护

印度橡皮树在气温低于10℃时应搬入室内，温度低于8℃时易受冻害。橡皮树喜阳光，如果长时间放置在荫蔽处易引起叶片发黄脱落。春季至秋季可放在室外养护，早春要注意防风，一定要防止冷风吹打，以免引起落叶甚至死亡。春季不要过早出室，4月底至5月初待气温较高、较稳定时再搬到庭院内或阳台上养护。6～9月阳光强烈照射对其生长不利，需做好遮阴降温工作。夏季气温高，橡皮树生长较快，应给予充足的水分和肥料，并经常向叶片和花盆四周喷水，以增加空气湿度，但要避免盆内积水。入秋后应逐渐减少施肥和浇水，可将草木灰洒于盆面，既能保暖又能增加钾肥，可促进植株生长充实，有利于越冬。冬季则应增加光照，减少浇水和施肥，以提高抗寒力。

长期处于低温和盆土潮湿状态会造成印度橡皮树的叶片变黑脱落，根部腐烂，甚至整株死亡。小苗需在每年春季换盆，成年植株可每2～3年换盆1次。换盆时适当剪去卷曲的根系，添加新的培养土和基肥。培养土可用腐叶土3份、园土2份、河砂1份及少量腐熟的有机肥混合而成。4～10月，每月施1次液肥或腐熟的饼肥水，也可以把肥料颗粒直接撒在盆土表面，随着浇水让其慢慢渗入土壤。家庭种植可用啤酒擦洗叶片，起到增肥的作用，叶片会更加油绿光亮。当植株长到80cm高时需进行截顶，以促进侧芽的萌发，侧枝长出后选择3～5个长势茁壮的侧枝留下，以后每年将侧枝剪短1次，3年后即可培育出高1.5～2m的丰满植株。

4. 繁殖方法

印度橡皮树适宜用压条繁殖和扦插繁殖。

（1）压条繁殖

家庭养花用高枝压条繁殖比较方便，成功率也比较高。从春季至秋季均可进行。选用2年生发育良好、大小适当、组织充实的枝条，在叶片下面的茎上，用利刀进行轻度

图2-60　印度橡皮树

环状剥皮，宽度1cm左右，再包上湿润的苔藓或蛭石，用塑料薄膜绑扎，下端扎紧，上端留孔，以利于通气和浇水。约30～50天即可生根，剪下带根的茎，定植于花盆里。

（2）扦插繁殖

一般在4～5月扦插，可结合修剪进行。剪取1～2年生半木质化的中部枝条作插穗，插穗的长度以保留3个芽为标准，去掉下部叶片，将上面2片叶子合拢，用细塑料绳绑好，以减少叶面的水分蒸发。剪口处有流胶，可用木炭粉及砻糠灰吸干，流胶凝结后扦插在以湿润的素砂土或蛭石为基质的插床上。插后保持插床有较高的湿度，但不要积水，温度保持在20～25℃，做好遮阴和通风工作，1个月左右即可生根，2个月后可移栽。

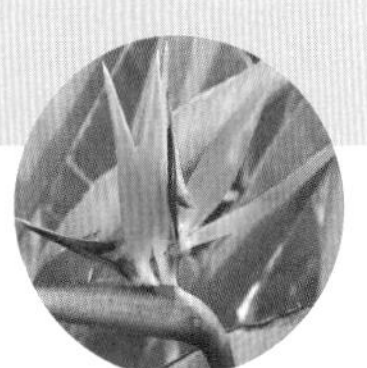

Chapter 3

第三章　草本类观叶花卉栽培与养护

一、广东万年青栽培与养护

别名　粗肋草、亮丝草、粤万年青、

1. 形态特征

广东万年青（图3-1）为多年生常绿草本植物。广东万年青株高为30～60cm，茎直立不分枝，节间明显；叶互生，叶柄长，基部扩大成鞘状，叶绿色，常有银灰色或其他色彩的斑纹，叶披针形或长卵圆形。广东万年青多在秋季开花，花序腋生，顶生青绿色佛焰苞，内生白绿色肉穗花序。

2. 生长习性

广东万年青喜高温、多湿和半阴的环境，耐寒力差，怕干旱，忌强光暴晒，不耐盐碱土壤。广东万年青生长适温为20～30℃，冬季生长温度最好不低于12℃。

3. 栽培养护

广东万年青在夏秋季要注意适度遮阴，给予充足的水分；春冬季可适当增加光照，减少浇水量，保持盆土相对干燥。广东万年青每月施1～2次微酸性液肥，每2～3年换1次盆。盆底可垫碎砖或小石块，以利于排水透气。土壤宜选用疏松肥沃和保水性强的酸性壤土。

图3-1　广东万年青

4. 繁殖方法

广东万年青多采用扦插和分株的方法进行繁殖。

（1）扦插繁殖

扦插繁殖常在4～5月份进行。选取粗壮的广东万年青枝条做插穗，长一般8～15cm，去掉下部叶子，保留顶端的叶子，插入砂床中，保持较高的空气湿度，室温22～30℃，插后1个月左右生根。也可用水插，将接穗直接插在盛清水的玻璃瓶内，每2天换1次水，约20天左右即可长出新根，根长3～4cm时可盆栽。

（2）分株繁殖

分株繁殖多在春季结合换盆进行。生长健壮的广东万年青植株每年从基部萌发许多蘖芽，将植株从盆内倒出，可从根茎分切，使每一植株都带有根系，在切口处涂草木灰以防腐烂，待切口干燥后再盆栽。

二、中华万年青栽培与养护

别名 开喉剑、冬不凋、千年蒀

1. 形态特征

中华万年青（图3-2）为多年生常绿草本植物。中华万年青无地上茎，根状茎粗短，上面有节。中华万年青叶片质厚，宽大呈椭圆形，上面有清晰的纹路。

2. 生长习性

中华万年青喜温暖湿润、通风良好的半阴环境，不耐旱，稍耐寒，忌积水。中华万年青生长适温为15～18℃。

图3-2 中华万年青

3. 栽培养护

一般的园土均可栽培中华万年青，但以富含腐殖质、疏松、透水性好的微酸性砂质壤土为佳。春、夏、秋三季应遮阴60%以上，冬季遮阴40%。浇水掌握“盆土不干不浇，宁可偏干也不宜过湿”的原则，除夏季须保持盆土湿润外，春秋季浇水不宜过勤。生长期间每隔20天左右施1次腐熟的液肥。中华万年青初夏生长较旺盛，可10天左右追施1次液肥，可加少量硫酸铵。

4. 繁殖方法

中华万年青多采用播种、分株的方法进行繁殖。

三、大王万年青栽培与养护

别名 六月雪万年青

1. 形态特征

大王万年青（图3-3）为多年生常绿草本观叶植物。大王万年青茎粗壮挺拔，直立，高达2m，盆栽时株高1m左右；叶片厚实、肥大，呈椭圆形，边缘部分呈绿色，中央有黄白色斑块。

图3-3 大王万年青

2. 生长习性

大王万年青喜在高温潮湿、通风良好的环境下生长，喜半阴，耐旱。大王万年青的培养土最好是疏松肥沃的土壤，生长适温为25 ～ 30℃。

3. 栽培养护

大王万年青多生长在砂壤土或园土与腐叶土混合后的培养土中。华东地区的4 ～ 9月期间是大王万年青的生长旺盛期，需要多浇水，但不能导致水涝，否则会引起黄叶导致烂根。盛夏季节，需要向叶面或盆土四周喷雾，以增加空气湿度。大王万年青需要多施肥，尤其在生长旺盛期应该追施氮肥和钾肥。如果每隔15天就对大王万年青施加1次沤熟的豆饼液肥，植株会生长得更加健壮。到了10月下旬，就要少浇水，保持盆土略干燥。大王万年青植株能忍耐5℃左右的低温环境，冬季生长温度最好维持在8℃以上。

4. 繁殖方法

大王万年青扦插繁殖时可切取茎顶，将茎顶插到砂床中。为了防止插床过湿导致切口腐烂，需要少浇水。扦插最好在早春或秋末进行，7～8月高温季节进行扦插成活率最高。

四、斑马万年青栽培与养护

别名 细斑粗肋草、细斑亮丝草

1. 形态特征

斑马万年青（图3-4）为多年生常绿草本植物。斑马万年青株高为50～70cm，茎干粗壮；叶宽大，叶柄长，生长在茎的上端；叶呈卵状披针形，长15～20cm，宽6～8cm，浓绿色，中脉两侧有窄细的白色或淡黄色斑条，呈羽状。斑马万年青为佛焰花序，腊质白色，浆果鲜红色。

2. 生长习性

斑马万年青喜高温、高湿及半阴环境，不耐寒，忌阳光过分强烈。斑马万年青生长适温为日温30℃，夜温25℃。冬季在10℃以上的室内才能安全越冬。

图3-4 斑马万年青

3. 栽培养护

斑马万年青在夏季可置于室外树荫下养护。若过于荫蔽，叶面的色彩部分会逐渐减少，绿色部分会增大。夏季最忌阳光直射，否则叶面会变得粗糙，出现焦叶。夏季气温高，蒸发快，每天早晚应浇1次透水。当气温高于25℃时，应每天向叶面喷水2～3次，以提高湿度。浇水的原则是“见干见湿”。生长季节每月施1次以氮、钾为主的液肥，用园土、腐叶土等量混合的培养土最适合其生长。

4. 繁殖方法

斑马万年青常用扦插繁殖。每年初春或秋末，可将老茎切成8cm左右段斜插或平放于插床上，用手将枝条压下，一半埋入土中，一半露出土表。保持较高的湿度，温度在24～26℃即可生根，待生根萌芽后可移植上盆养护。

五、紫背万年青栽培与养护

别名 紫锦兰、紫万年青、蚌花、蚌兰

1. 形态特征

紫背万年青（图3-5）为多年生常绿草本植物。紫背万年青株高20～37cm，茎短，叶多为针形，正面绿色，有深浅不同的条斑，背面紫红色，有深浅不同的条斑，茎叶稍多汁。紫背万年青花期为8～10月，易结籽，小花多为白色，果期为9～11月。

2. 生长习性

紫背万年青喜温暖湿润和阳光充足的环境，喜阳光，较耐阴；喜暖热，有一定的抗寒性；喜湿润，忌干旱。紫背万年青对土壤要求不严，以疏松肥沃、排水良好的壤土为宜。紫背万年青生长适温为15～30℃，10℃以下停止生长。

3. 栽培养护

紫背万年青盆栽越冬温度不宜低于5℃，一旦低于5℃，植株可能因受冻害而死亡。气温超过30℃时，要通过遮阴、喷水等措施，为其提供一个相对凉爽湿润的环境。秋末冬初当气温降至5℃时，要及时将其搬入室内。遇到特别寒冷的天气，要将其搁放于有供暖设施的室内。特别是斑叶品种，最好能维持10℃左右的越冬温度。

紫背万年青在强光下或阴蔽处均能生长。华南地区可作地被花卉栽培。在有较好散射光的室内，可作长期陈列观赏。家庭种养的盆栽植株在夏季要避开烈日暴晒，最好放在北向阳台内侧或室内光线明亮处，5～9月可根据光线的强弱和光照时间的长短，遮光30%～50%。盛夏时节中午光线过强，易导致盆栽植株叶片卷缩枯死。斑叶和小叶品种要求光照充足，在光线较差的环境中只能摆放10～15天，否则易导致叶片发黄枯萎。

紫背万年青在生长季节应充分浇水，但忌盆土积水，否则易招致植株烂根死亡。栽培中要为其创造一个空气湿润的环境。夏秋两季宜经常给叶面喷水。对搁放于室内的植株，可用手持喷雾器每天给叶面喷雾2～3次。秋末冬初气温降至10℃左右时，要减少浇水。冬季搁放于室内的植株，可每周用与室温相近的水喷淋叶面1～2次，维持盆土微润即可。

图3-5　紫背万年青

紫背万年青的盆栽培养土可用腐叶土或泥炭土5份、园土3份、砂2份，加适量沤制过的饼肥末混合配制。生长季节每月给植株松土1次，使其始终保持盆土通透，防止因盆土板结或盆内积水而造成烂根。盆栽植株宜每年进行1次翻盆换土，对于盆栽多年的植株，因其下部叶片脱落造成株形劣化，可于早春结合换盆进行基部平茬更新，其带叶的梢端还可用作扦插的插穗。

紫背万年青在生长季节可每月追施1次氮、磷、钾均衡的液态肥，但不要将肥液滴落于叶片上，以免引起叶片腐烂或病害。为方便起见，可在盆土表面定期撒施或埋施少量多元缓释复合肥颗粒。切忌过量施用氮肥，否则易造成茎叶徒长、紫色叶背褪紫还绿、黄色脉纹暗淡隐去。秋末冬初植株停止生长后，要停止追肥。

4. 繁殖方法

紫背万年青可采取播种和扦插以及分株的方法进行繁殖。

（1）播种繁殖

种子成熟后易脱落，应及时采收。落在母株盆中的种子能很快发芽，可移植盆栽。因其种粒较小，宜采用小粒种子播种法育苗。通常在3～4月进行盆播，发芽适温为18～20℃，加盖塑料薄膜保湿，7～10天即可出苗，待其苗高达10cm时进行移栽。紫背万年青斑叶品种不宜进行播种育苗。

（2）扦插繁殖

只要温度适宜，全年均可进行，但通常以3～10月为宜。栽培多年的植株观赏价值降低，可将其上部有叶片的部分剪下来，晾干伤口，再将其扦插于砂床中。或剪取生长旺盛的顶端嫩梢，穗长一般为12～15cm，摘去基部的叶片，扦插于砂床或蛭石中。维持20～25℃的生根适温，稍加遮阴，插后15～20天即可生根。

（3）分株繁殖

一年四季均可进行，但最好在秋末或早春结合换盆进行。具体操作是将母株从花盆中脱出，自母株基部切取带根蘖苗直接栽植。

六、粉黛栽培与养护

别名 白玉黛粉叶、白玉万年青

1. 形态特征

粉黛（图3-6）为多年生常绿草本植物。粉黛株高30 ～ 50cm，叶片呈椭圆形，边缘为绿色，中央为黄白色斑块。粉黛老叶的斑块易退化，茎干容易从叶腋处长出小株，故整株常呈丛生状态。

2. 生长习性

粉黛喜高温、高湿，较耐阴，生长期极耐湿。粉黛生长适温为25 ～ 30℃，冬季可在8℃以上的室内安全越冬。

3. 栽培养护

粉黛喜在疏松的腐叶土作基质的盆中生长，但用珍珠岩、木屑混合而成的非土基质也适合其生长。夏季若在室内养护，每周要浇水2 ～ 3次，当气温高于25℃时，则要向叶面喷水以提高其湿度。若在室外养护，夏季一定要放在荫棚或树荫下，但过于荫蔽，叶面黄白部分会减少，绿色部分会增大。最忌夏季直射光的暴晒，否则叶面变粗，会出现焦叶。夏季在树荫下养护一定要浇足水，只有这样才能保证其生长旺盛。即使浇水稍多，也不会造成烂根，反而会促使叶色更美。冬季要控制浇水。生长季节每月施1次以氮肥为主的液肥，即可保证叶色青翠、明亮、有光泽。

图3-6 粉黛

4. 繁殖方法

粉黛常采用扦插繁殖。在生长季节里，切取茎干分生的小株，插在纯净、消过毒的砂床中，20天左右后开始生根，一个月后即可上盆栽植；也可把老化的茎切成10cm长的小段，插在砂床中，在高温、高湿的室内条件下，也能生根、长叶。

七、花叶芋栽培与养护

别名　彩叶芋、两色芋

1. 形态特征

花叶芋（图3-7）为草本观叶植物。花叶芋株高15～40cm，地下有膨大的块茎，扁球形；叶色娇艳，叶柄长，叶片一般呈心形，上有红色、白色、粉红色的斑块。花叶芋一般9月开花，花白色，圆锥形。

图3-7　花叶芋

2. 生长习性

花叶芋喜温暖湿润和半阴的环境，忌太阳直晒，耐寒力差，不耐盐碱和瘠薄。花叶芋生长适温为22～28℃，越冬温度最好保持在15℃以上，最低不能低于12℃。

3. 栽培养护

花叶芋春秋两季可置于室内光线明亮处，夏季应在阴凉、通风处养护，冬季可将花盆移到光照充足处，不宜过于荫蔽。春夏两季需水量大，以保持盆土湿润为宜。入秋后进入休眠期，应控制浇水，使土壤干燥。生长季可每20天左右施用1次稀薄肥水。盆土宜用疏松肥沃、排水良好的腐叶土或泥炭土。

4. 繁殖方法

花叶芋多采用球根繁殖和分割块茎繁殖。

（1）球根繁殖

入秋后，花叶芋的叶子逐渐枯萎，应减少浇水，以后叶片逐渐脱落，应停止浇水，花叶芋开始休眠。可以剪去地上部分的枯叶，抖去块根上的泥土，并涂以多菌灵，贮藏于干燥的蛭石或砂中，温度最好保持在15～16℃，等到第二年春天种植。盆栽花叶芋一般采用口径10cm以上的盆，每盆可栽3～5个块茎。栽植后保持盆土湿润，在22～25℃条件下很快就可萌发新叶。

（2）分割块茎繁殖

块茎较大并有较多芽点的母球，可用分割块茎来繁殖。用刀切割带芽的块茎，待切面干燥愈合后再上盆栽种。室温应保持在22℃以上，否则栽植块茎难以发芽，还易造成腐烂死亡。

八、滴水观音栽培与养护

别名 海芋、巨型海芋

1. 形态特征

滴水观音（图3-8）为多年生草本植物。滴水观音的茎秆粗壮，最高可长到3m，叶片多聚生茎顶，叶片呈卵状戟形，肉穗花序比佛焰苞稍短一些，生长在下部的是雌花，生长在上部的是雄花。滴水观音叶姿优美，株形挺拔，叶片硕大。

2. 生长习性

滴水观音喜散射光和半阴的生长环境，喜温暖，喜湿，不耐旱。滴水观音生长适温为20～30℃。

3. 栽培养护

滴水观音在生长季节应保持盆土潮湿，夏季应适当增加向叶面喷洒水。冬季移入室内过冬，保持8℃以上温度。每年3～10月应每月施氮、磷、钾复合肥1～2次，休眠

图3-8 滴水观音

期可以减少施肥量或不施肥。

4. 繁殖方法

滴水观音可采用播种、分株、扦插以及球根繁殖的方法进行繁殖。

（1）播种繁殖

野生的滴水观音常常会结出种子，如果室内栽培管理好的滴水观音也有可能采到种子。滴水观音开花后3个月左右种子就可成熟，此时需小心采取种子，随采随播或晾干贮藏，在次年春末夏初时播种。当环境温度维持在25～35℃的时候，不管是否光照充足，滴水观音种子都可顺利萌发。

（2）分株繁殖

每当夏秋两季，滴水观音块茎常常会萌发出带叶的小株。最好结合翻盆换土进行分株繁殖。

（3）扦插繁殖

多年生的滴水观音老株可结合翻盆换土，在植株基部距离土壤表层5cm左右的地方进行截干，促使根部以及茎基萌发大量新芽，然后再摘取萌芽进行扦插。除此之外，截取的老茎干最好切成10～15cm的长度当作插穗，放置到荫蔽环境下晾1天让伤口干燥，之后再插到砂中，保持砂床略潮润，最后将扦插后的枝条放置在既能遮阴又可通风的环境中即可。

（4）球根繁殖

将滴水观音根部自然分生的小球挖出、播种，然后覆土、浇水。用遮阳网，早晚掀开，白天覆盖，出苗后去掉遮阳网。

九、龟背竹栽培与养护

别名 蓬莱蕉、铁丝兰、穿孔喜林芋

1. 形态特征

龟背竹（图3-9）为多年生常绿蔓性藤本植物。龟背竹茎粗壮，上面长有褐色气生根；叶片较大，深绿色，上面分布着许多长圆形的孔洞和深裂，看起来就像龟甲；肉穗花序，淡黄色，通常在8～9月开花，果实在第二年花期后成熟。

2. 生长习性

龟背竹喜温暖湿润的环境，不耐寒，忌干燥。龟背竹生长适温为25～30℃，冬季生长温度不可低于5℃。

3. 栽培养护

龟背竹栽培以肥沃、排水良好的砂质壤土为佳，盆栽土壤可选用腐叶土、田土、有机肥及河砂适量混合配制，也可单独用塘泥栽培。切勿放于强光下暴晒，夏季要注意遮阴，否则叶片会老化。浇水要遵循“宁湿不干”的原则，但切勿使盆土积水。春、秋季

图3-9 龟背竹

每2～3天浇水1次，盛夏季节除每天浇水外，还需向叶面喷水保湿。冬季叶片蒸发量减弱，浇水量要适当减少。半个月施肥1次，复合肥及有机肥交替施用，忌偏施氮肥。

4. 繁殖方法

龟背竹常用播种、扦插和分株的方法进行繁殖。

十、春羽栽培与养护

别名 春芋、羽裂喜林芋

1. 形态特征

春羽（图3-10）为多年生常绿草本植物。春羽株高可达1m，茎粗壮直立，茎上有明显叶痕及电线状的气根。春羽的叶于茎顶向四方伸展，有长40～50cm的叶柄，叶鲜浓有光泽，呈卵状心形，全叶羽状深裂，呈革质。

2. 生长习性

春羽喜砂壤土，较耐荫蔽，是同属植物中较耐寒的一种。春羽生长适温为18～25℃，冬季能耐2℃的低温，但以5℃以上为好。

3. 栽培养护

春羽所用的培养土以疏松肥沃且排水良好的微酸性土壤最佳，最好以半阴或散射光线养护，冬季可以用充足的光照。春羽生长期需要保持盆土湿润，尤其在夏季高温期不能缺水，施肥以“薄肥勤施”为原则。

图3-10　春羽

4. 繁殖方法

春羽多采用分株繁殖或扦插繁殖。

十一、文竹栽培与养护

别名　云片竹、山草、刺天冬

1. 形态特征

文竹（图3-11）为多年生草本植物。文竹在自然状态下可以生长至数米高，茎部光滑柔细，分枝极多，上面生长着许多纤细、水平伸展的叶子，叶色常年翠绿。文竹在9～10月时开白色小花，浆果熟时为紫黑色，有1～3颗种子。

2. 生长习性

文竹喜温暖湿润的半阴环境，不耐干旱及霜冻。文竹生长适温为15～25℃，冬季生长温度应保持5℃以上，以免受冻。

3. 栽培养护

文竹栽培以富含腐殖质、排水良好的砂质壤土为佳，盆栽营养土可用腐叶土、园土、砂、厩肥混合配制。文竹浇水要遵循“不干不浇，浇则浇透”的原则。当空气干燥闷热时，需要向叶面或植株周围喷洒水雾，以增加空气湿度；到了寒冷的冬季，要少浇水，保持盆土略干燥。每30天左右需要对文竹施加1次腐熟的薄液肥，在其生长旺盛期时，每个月还要追施1～2次含有氮、磷的薄肥。当文竹主枝上的小叶状枝生长位置不美观或因某种原因缺失的时候，可适当修剪造型。

4. 繁殖方法

文竹可用播种繁殖和分株繁殖。

（1）播种繁殖

在春季2～3月期间，将采收的文竹种子播种到疏松透气的培养土中。保持温度在20～30℃时，3～4个星期即可发芽。

（2）分株繁殖

文竹进行分株繁殖通常会在春季结合换盆进行，具体操作是用锋利的刀将生长茂密的文竹植株丛分割开，按照3～5芽为1丛分出新植株，然后分别上盆栽种，放置到荫蔽环境下养护1～2个星期，等到恢复生长后再进行正常的水肥管理。

图3-11 文竹

十二、武竹栽培与养护

别名 非洲天门冬、天门冬、郁金山草、天冬草

1. 形态特征

武竹（图3-12）为多年生常绿草本植物。武竹的茎丛生、蔓生，下垂多分枝；叶退化成鳞片状，基部成刺状；花淡红色至白色，1～3朵簇生，有香气，浆果为鲜红色，球形。

图3-12　武竹

2. 生长习性

武竹喜生长在温暖湿润及荫蔽的环境下，忌阳光暴晒和干旱，抗寒力较强，冬季在3℃以上就能安全越冬。

3. 栽培养护

由于武竹是肉质块根，怕水湿，所以雨季要防止积水，以免烂根。武竹的根系生长较快，一般盆栽的植株每年要翻盆换土1次，否则会发生茎叶枯黄的现象。夏季应将盆栽的武竹置于半阴环境，忌阳光直射，否则会造成茎叶枯黄。如因一时疏忽，使其遭受强光照射，可及时把植株移入阴凉处，给以适当的水肥，并注意喷洗枝叶。经过一段时间的养护，即可恢复正常。

华东地区盆栽武竹一般在11月上旬移入室内，放在阳光充足处养护。冬季由于气温低，浇水要节制，通常5～7天浇1次水。每隔几天，在晴朗的中午用清水喷洗枝叶1次，以保持植株青翠。第二年清明前后要放置在阳光充足处养护，并逐渐增加浇水量。若空气干燥，浇水时要向植株喷水。夏季气温高，盆土易干，每天清晨浇透水1次，以保持盆土湿润，每天给枝叶和地面喷水1～2次，以提高空气的湿度。每隔15～20天施20%饼肥水1次，冬季应停止施肥。

4. 繁殖方法

武竹常用分株繁殖和播种繁殖。

（1）分株繁殖

分株繁殖四季均可进行，但以早春武竹未发芽前，结合翻盆换土时最合适。

（2）播种繁殖

播种繁殖是将隔年采收的种子在早春或初夏时进行盆播，培养土为园土2份、腐叶土1份，稍加砻糠灰拌和。将种子撒播于盆内并覆土，覆土的厚度为种子直径的1倍左右，

播后用盆底渗水法使盆土透湿，盖上玻璃后置于室内半阴处，经常保持盆土湿润。在15℃左右的条件下，30～40天可发芽出苗。当苗高达7～10cm时，应及时分苗移植培养。

十三、虎尾兰栽培与养护

别名 虎皮兰、千岁兰、虎尾掌、锦兰

1. 形态特征

虎尾兰（图3-13）为多年生草本植物。虎尾兰地下部分有横走的根状茎，地上无茎；叶子簇生，外形挺拔直立呈剑形，两面均有不规则的暗绿色云层状横纹。常见的栽培品种有金边虎尾兰、短叶虎尾兰、金边短叶虎尾兰、美叶虎尾兰等。

2. 生长习性

虎尾兰喜温暖、阳光充足的环境，也耐半阴，耐旱，但不耐寒。虎尾兰生长适温为20～30℃。

3. 栽培养护

虎尾兰栽培所用的基质以排水良好的砂壤土为佳。盆栽可选用塘泥、腐叶土、泥炭等作栽培基质。浇水遵循“见干见湿”的原则，待表土干燥后浇1次透水。冬季减少浇水量，保持土壤稍干燥。一般半个月浇1次速效性复合肥即可，冬季停止施肥。

4. 繁殖方法

虎尾兰一般采用叶插及分株的方法进行繁殖。

（1）叶插繁殖

虎尾兰通常在春秋两季进行叶插繁殖，具体操作是将虎尾兰的叶片剪成5～8cm长

图3-13　虎尾兰

的片段，在荫蔽处晾晒1～2天，等到伤口干燥后，再插到砂床中，插入的深度在3cm左右即可，最后将砂土压实，浇足水，放到半阴处进行养护，成活率很高。

（2）分株繁殖

为了保持虎尾兰植株的优良性状，一般都进行分株繁殖。虎尾兰的根茎较为粗壮发达，很容易就会向外伸出匍匐茎，可以使用利刀将新伸出的根茎稍带部分根系一起割下，放置到半阴处晾干伤口处，再栽到盆土中，将土压实并浇足水。也可结合换盆，将虎尾兰植株整个从盆内倒出，用锋利的刀子将植株的根茎割断，之后再分别上盆栽种。

十四、花叶艳山姜栽培与养护

别名 花叶良姜、彩叶姜、斑纹月桃

1. 形态特征

花叶艳山姜（图3-14）为多年生常绿草本植物。花叶艳山姜株高1m左右，叶片长椭圆状披针形，深绿色革质，叶长50～60cm，宽10～15cm。花叶艳山姜叶面有不规则的金黄色纵条纹，色泽鲜艳，如养护得当，金黄色条纹连成大片，光彩夺目；花期为6～8月。

图3-14 花叶艳山姜

2. 生长习性

花叶艳山姜喜明亮或半遮阴环境，喜阴湿环境，较耐水湿，不耐干旱。花叶艳山姜较耐寒，但不耐严寒，忌霜冻，生长适温为22～28℃。

3. 栽培养护

花叶艳山姜在生长季节应保持盆土湿润，夏秋两季还要经常向叶面喷水。深秋后，减少浇水，或改为喷水；入冬后保持盆土稍微湿润即可。生长季每月松土1次。盆栽植株每年可结合分株于春天进行1次换盆。生长期每隔7～10天浇施1次有机肥液，入冬后停止追肥。

4. 繁殖方法

花叶艳山姜多选用播种和分株的方法进行繁殖。

（1）播种繁殖

播种后15～20天即可发芽。

（2）分株繁殖

分株于春夏两季进行，切取4～5cm的根茎，带2～3个茎芽，地栽或上盆。

十五、旱伞草栽培与养护

别名　水竹、风车草

1. 形态特征

旱伞草（图3-15）为多年生常绿草本植物。旱伞草的秆可长到6m多高，3cm左右粗细，幼秆有白粉且长有稀疏的短柔毛；节间长达30cm，壁厚为3～5mm。旱伞草花期为5～8月，果期为7～10月。

2. 生长习性

旱伞草喜温暖湿润和阳光充足的环境，较耐寒，耐阴，特别耐水湿，不耐干旱。旱伞草生长适温为15～30℃。

3. 栽培养护

旱伞草盆栽可于秋末移入室内。家庭盆栽每天应给予2～4个小时的散射光照。高温干

图3-15　旱伞草

热季节应增加浇水次数，或直接放于浅水中进行水培。盆栽旱伞草可1年换盆1次，时间在3～4月为宜。旱伞草对盆土要求不严，但以保水保肥性能好、腐殖质丰富的砂壤土最佳。

4. 繁殖方法

旱伞草可采用播种、扦插、分株的方法繁殖。

（1）播种繁殖

将种子均匀撒播于潮湿的腐殖土中，覆土厚度以微见种子为宜，加盖地膜保湿，发芽适温为13～18℃，10天后即可发芽，苗高5cm时，可移栽或上盆。

（2）扦插繁殖

生长季节剪取顶生茎节，留茎干3cm剪下，对叶状苞片可剪去其长度的1/2～2/3，插入砂床或塘泥中，苞片稍入土，保持20～25℃的温度，维持扦插基质湿润，插后10天左右即可生根，总苞片基部会长出许多小苗。

（3）分株繁殖

3～4月或7～8月将植株从花盆中脱出，抖去部分宿土，用利刀把大丛旱伞草切开，分成带5～8节茎干的小株丛，重新换土栽种。

十六、肾蕨栽培与养护

别名　蜈蚣草、圆羊齿、篦子草、石黄皮

1. 形态特征

肾蕨（图3-16）为中型地生或附生蕨植物。肾蕨株高一般为30～60cm；叶呈簇生披针形，叶长30～70cm，宽3～5cm；初生的小复叶呈抱拳状，有银白色的茸毛，展开后茸毛消失，成熟的叶片革质光滑。

图3-16　肾蕨

2. 生长习性

肾蕨适合生长在温暖潮湿、半阴的环境下，较耐寒，忌阳光直射。

3. 栽培养护

肾蕨宜用疏松肥沃、透气的中性或微酸性土壤栽培，常用腐叶土或泥炭土、培养土或粗砂的混合基质。春秋季须浇水充足，保持盆土不干。夏季除浇水外，每天还应喷水数次。施肥遵循“淡肥勤施、量少次多、营养齐全”的原则。

4. 繁殖方法

肾蕨常用分株、孢子和组培繁殖。

十七、大岩桐栽培与养护

别名 六雪尼、落雪泥

1. 形态特征

大岩桐（图3-17）为多年生肉质草本植物。大岩桐有肥大块茎，叶对生，肥厚且大，长10～13cm，宽8～10cm。大岩桐花顶生或腋生，大而美丽，花径6～7cm，有深红、玫瑰红、紫蓝、白等色，盛开于春夏季。

图3-17 大岩桐

2. 生长习性

大岩桐喜温暖，喜阴湿，好肥，忌阳光直射。大岩桐生长期要求高温、湿润和荫蔽的环境，通风不宜过多。大岩桐生长适温为20～30℃。

3. 栽培养护

华东地区春秋季节，大岩桐处于生长旺盛时期。一旦夏季来临，温度超过30℃，植株即进入休眠期。冬季生长温度保持在10℃以上，就能安全越冬。因此要使大岩桐开花

鲜艳，就要做到冬季保温，夏季遮阴，肥水适时适量。

室内需保持有较高的湿度，如果室内空气过于干燥，叶片容易发黄。因此，每天除了正常的浇水外，还应喷水1～2次，以增加空气的湿度；阴天可以不必喷水。高温时，要通风换气，但不能对流通风，以维持室内有较高的空气湿度。大岩桐开花后，要逐渐减少浇水直至停止浇水，植株进入休眠期。因大岩桐较耐高温，夏季可置于温室荫蔽、干燥处休眠，防止过于潮湿而腐烂。秋季翻盆换土后，开始浇水，促使其重新萌发新叶。

在肥水方面，大岩桐幼苗期液肥的浓度要淡，一般每隔7～10天施1次10%左右的腐熟饼肥水；生长期每隔10～15天施1次20%左右的腐熟饼肥水。浇水、施肥时要特别细心，不要将盆土溅到叶面上或将肥水沾染了叶或花蕾。通常施肥后立即洒水冲洗，叶面和芽处如有水滴，必须用擦去，否则易发生斑点和腐烂。如有黄叶，宜小心摘除，避免引起腐烂。

4. 繁殖方法

大岩桐主要用播种繁殖，也可用扦插繁殖。

（1）播种繁殖

一般在8～9月进行，分批播种可延长花期。用撒播法播于装有培养土的种子盆内，播种不宜过密，以免出现幼苗瘦弱和移植不便。覆土要薄，有时也可不覆土，轻轻按压种子即可。撒播后用盆底渗水法使盆土充分湿透，盖上玻璃，保持盆土的潮湿，并置于半阴处养护。在20～22℃的条件下，10天左右即可发芽。发芽后除去玻璃，以利幼苗生长。当长出2片叶时，要及早将苗移盆栽植。移苗时，一定要注意遮阴，避免强烈的阳光。长出5～6片叶时，便可移入装有腐叶土、园土、厩肥等量混合的培养土的花盆中栽培。

（2）扦插繁殖

常在春季进行。选取健壮的叶片，连叶柄一起摘下。将叶片剪去一部分，叶柄基部修平，斜插于温室的砂床中，保持高温和高湿的环境，适当遮阴。叶柄基部生根成活较快，但后期生长缓慢。

十八、彩叶草栽培与养护

别名　五彩苏、老来少、五色草、锦紫苏

1. 形态特征

彩叶草（图3-18）为多年生草本植物。彩叶草植株的高度为50～80cm，全株有毛，茎有四棱，基部木质化，单叶对生，叶片为卵圆形，先端长渐尖，缘有钝齿牙，叶片可长到15cm左右，绿色的叶面上常常布满了淡黄色、朱红色、桃红色以及紫色等色彩明艳的斑纹。彩叶草为顶生总状花序，会开出浅蓝色或浅紫色的漂亮小花，褐色的小坚果具有光泽。

2. 生长习性

彩叶草喜在光照充足的环境下生长，进行充足阳光照射的叶片颜色会更加明亮，盛

图3-18　彩叶草

夏季节要进行适度遮阴处理。彩叶草的生长温度最好维持在15～25℃，冬季生长温度需要在10℃以上才能安全越冬。

3. 栽培养护

彩叶草对土壤要求不高，疏松肥沃的园土都能适应其正常生长。夏季要浇足水，并要经常向叶面喷水。冬季应适时控制浇水量，每周浇水1～2次即可。彩叶草平常要多施磷肥，忌施过量氮肥。

4. 繁殖方法

彩叶草多采用播种繁殖和扦插繁殖。

十九、鹤望兰栽培与养护

别名　天堂鸟、极乐鸟花

1. 形态特征

鹤望兰（图3-19）为多年生草本植物。鹤望兰植株高达1～2m，有粗大的肉质根，茎不明显；叶子大，两侧排列，革质，呈长椭圆形，长约40cm，宽约15cm，有长柄，柄有沟槽为叶长的2～3倍；花茎顶生或生于腋叶间，较叶梢高，佛焰状苞，长约15cm，基部及上部边缘赤紫色，总苞内生6～8朵花，花依次开放，外3瓣为橙黄色，内3瓣为天蓝色，开花时宛如仙鹤亭立，故得名鹤望兰。鹤望兰的花期比较长，由冬至春，1支花可开50～60天，蒴果三棱形。鹤望兰的种子有红色条裂的假种皮。

图3-19　鹤望兰

2. 生长习性

鹤望兰喜温暖湿润气候，要求空气温度高，稍耐寒，华南地区可露地栽培。室内盆栽越冬温度不能低于5℃，以10℃左右为宜。夏季怕阳光暴晒，冬季需阳光充足。鹤望兰耐旱，不耐水湿，栽培要求土层深厚、营养丰富而又排水良好的稍黏质土壤。

3. 栽培养护

鹤望兰盆栽宜选用较深较大的瓦盆。盆土可用等份腐叶土、园土，加入适量粗砂和骨粉，盆底排放一层粗瓦片以利排水。鹤望兰栽植不宜过深，上部盆缘应留得高些，春、夏、秋三季可在室外或阳台上栽培，夏季阳光过强时稍遮阴。冬季应放在室内光照强和通风良好的地方，并适当少浇水。在鹤望兰生长季节，要供应充足的水分，每2周左右施1次液肥。冬季干旱和低温往往能使花期移至夏季，花谢后，没有人工授粉的花葶应立即剪除，以免消耗养分。鹤望兰成型的植株每2年换盆1次。

4. 繁殖方法

鹤望兰常用分株繁殖或播种繁殖。

（1）分株繁殖

一般在春季或秋后结合换盆时进行。选取茂盛植株，从根茎的空隙处用利刀切断。伤口涂上草木灰，阴干2～3小时后，栽植于盛有疏松肥沃土壤的花盆中，但栽种不宜过深，以免影响新芽萌发。浇足水，放置于半阴处养护。

（2）播种繁殖

种子经人工授粉，经过80～100天后才能成熟。成熟后应及时采收、及时播种。在气温25～30℃的条件下，把种子均匀地点播在浅盆内，覆土厚度为种子直径的1.5～2倍。播种后用盆底渗水法浸足水，盖上玻璃，放置于半阴处，15～20天后即可发芽。鹤望兰的种子发芽率极低，生长期很长，栽培4～5年后才能开花。

二十、兰花栽培与养护

别名 中国兰、春兰、兰草、兰华、幽兰草

1. 形态特征

兰花（图3-20）为多年生常绿草本植物。兰花的根肉质丛生，呈白色。根据其生长习性可分为地生兰和气生兰两大类，我国传统栽培的兰花通常是指地生兰品种。兰花四季常青，开花时香气四溢。常见的观赏品种有早春2～3月开花的春兰，4～5月开花的蕙兰，8～10月开花的建兰，11月至第二年1月开花的寒兰。

2. 生长习性

兰花生长喜半阴环境，喜温暖湿润气候，忌酷热干燥，冬季宜光照充足。兰花常生长于疏林谷地里排水良好的杂草丛中，土壤应为腐殖质丰富的微酸性土。

3. 栽培养护

兰花对高温不适应，需要凉爽、通风的环境。一般在室外荫棚或树荫下养护，也可置于凉爽通风的窗口、阳台上。夏季阳光强烈，所以遮阴时间要长；春秋季节早晚可见阳光，但在中午前后仍需遮阴，这样才能有利于兰花的生长。

兰花盆土忌过湿，所以只要保持盆土湿润即可，浇水量应随季节的变化而定。一般早春新芽出土后，盆土宜干，可3～4天浇1次水。初夏是新根和叶芽生长期，保持盆土湿润可使新叶翠绿。夏季是兰花的生长旺盛期且气温高，空气干燥，应早晨浇1次透水；傍晚若盆土干燥，再补浇1次水。秋季浇水量应逐渐减少，一般2～3天浇1次水。冬季入室以后，一般10～15天浇1次水。兰花对空气的湿度也有一定的要求。夏季除日常浇水外，每天地面最好喷1～2次水。

图3-20　兰花

兰花可以淋小雨，但忌连续淋雨或遇暴雨，否则容易烂心、烂叶。如遇大风，应加强管理，以免损坏。兰花施肥宜淡不宜浓，宜少不宜多。在春秋季节，每隔20天左右施1次10%腐熟的豆饼液肥。施肥以傍晚进行为好，第二天早晨给叶面喷1次水。

4. 繁殖方法

兰花常采用分株繁殖。选出健壮和生长旺盛的植株，在2个假磷茎相距较宽处剪开，每株根部须带根及新芽，才能长出新的植株。春夏季开花的春兰、蕙兰可在秋季9～10月进行分株。

二十一、七彩菠萝栽培与养护

别名 七彩菠萝

1. 形态特征

七彩菠萝（图3-21）为多年生草本观叶植物。七彩菠萝植株呈发射状，叶片密集丛生于植株基部，株高25～30cm，叶缘有小锯齿。七彩菠萝成株后，心叶会出现粉红色斑块，在绿叶的中央分布着黄白色的纵条纹。七彩菠萝夏季开花，花期长达2～3个月，开花时整个植株像一幅十分精彩的图案，非常漂亮，是比较受欢迎的观叶植物品种之一。

图3-21 七彩菠萝

2. 生长习性

七彩菠萝喜光，但不耐强烈阳光暴晒，喜温暖、湿度较高且排水良好的环境。七彩菠萝冬季休眠，停止生长。

3. 栽培养护

七彩菠萝盆栽所选用的培养土最好是腐叶土和泥炭土等量混合后的土壤。因为七彩菠萝的植株比较小，根系浅，栽植的时候最好选择比较小的浅盆进行种植。在其生长旺盛期，需要经常对盆土浇水，保持盆土处于微湿状，等到盆土干燥后再浇水。在炎热的夏季浇水时，切记要浇到七彩菠萝莲座的管状中心上。冬季需要少浇水，但不能使盆土完全干燥。

七彩菠萝生性强健，需肥量较少。在七彩菠萝生长旺盛期，如施加一些低浓度的磷、钾液肥，就会使叶色更加艳丽。由于叶片结实、革质化，对水分的需要也不那么严格，所以具有一定的耐寒力，5℃以上就可越冬。盆栽种植七彩菠萝，除夏季忌强烈阳光暴晒外，其他季节常需要有明亮的光照，叶片的色彩在阳光充足处会更加鲜艳。如果长期置于阴暗处，叶片的色彩和斑纹很快就会消失，这一点在盆栽养护时一定要注意，否则容易降低其观赏价值。

4. 繁殖方法

七彩菠萝经常采用分株的方法进行繁殖。七彩菠萝的基部往往会长出若干个小芽，等到小芽长到15～20cm高，并长有6个叶片的时候，就可用利刀切取小芽扦插到砂床中，20天后即可生根，40天后就能进行上盆栽种。

二十二、水塔花栽培与养护

别名 火焰凤梨、比尔见亚、红藻凤梨、水

1. 形态特征

水塔花（图3-22）为多年生草本植物。水塔花的叶片青翠且富有光泽，丛生的水塔花类似于莲座，叶筒盛水后不漏水，形成水塔，故得名水塔花。9～10月期间，水塔花会开出艳丽的花，鲜红色的花序从嫩绿的叶筒中抽出来，绿叶映衬着红花，色彩明艳，是常见的室内观赏植物之一。

2. 生长习性

水塔花喜温暖湿润、半阴的环境，但土壤湿度不宜过大。夏季忌阳光直射，冬季宜多见阳光。水塔花生长适温为18～28℃，冬季室温不低于5℃，栽培土壤以酸性土为好。

3. 栽培养护

水塔花受到强烈的阳光直射会导致叶片变黄。夏季在室内养护时，要放在通风、散射光处，温度保持在24～28℃。当气温超过30℃时，植株处于半休眠状态，因此夏天要遮阴。

水塔花在室内、室外养护都要经常喷水，以保持较高的空气湿度。盆内忌积水，否则会引起烂根，造成整株死亡。生长期需水量较多，叶筒内应经常灌满水，否则缺水后

图3-22　水塔花

叶片会无光泽，并逐渐变黄。4～6月，每隔1～2天浇水1次；7～8月气温高，空气干燥，盆土蒸发快，需每天浇水1次；花期不宜浇水过多，以防止落花；冬季植株处于休眠状态，此时要节制浇水，叶筒内灌水也要少一点，保持筒底稍微湿润即可。

水塔花在春秋生长季节，每隔15天左右施1次腐熟的饼肥水；秋季开花前应增施1～2次腐熟的磷钾液肥，使花色更鲜艳夺目；花期、开花后和休眠期应停止施肥。开花后的水塔花的老株将逐渐萎缩、干枯，待春季换盆时将老株切除，以便萌发新芽。

4. 繁殖方法

水塔花常用分株繁殖。一般在春季结合换盆时进行，将植株基部成熟健壮的蘖生芽用快刀割下，切口要平整，有利于愈合生根。将分割的蘖枝种植于盛有等量砂土、园土的盆内，保持湿润。阳光强烈时，要加以遮阴，温度保持在20～30℃，约1个月左右可萌发新根。

二十三、鹃泪草栽培与养护

别名　枪刀药、鲫鱼胆、红点草、粉点木、

1. 形态特征

鹃泪草（图3-23）为多年生常绿宿根草本植物。鹃泪草地栽株高大概为70cm，盆栽植株的高度稍低，一般为20～30cm，叶对生，全缘，叶面呈橄榄绿色，布满粉红色或白色斑点，有粉霜、红霜、玫瑰红霜及白霜等多个品种，极有特色。

2. 生长习性

鹃泪草喜在温暖潮湿的半阴环境下生长，怕高温、干旱和寒冷，忌强光直射。鹃

泪草生长基质以疏松肥沃且具有良好排水性的微酸性砂壤土为宜。鹃泪草生长适温为20～28℃，冬季生长温度在10℃以上可安全越冬。

3. 栽培养护

鹃泪草在盛夏高温季节需要进行适度的遮阴处理，或者将鹃泪草盆栽移到荫蔽的地方进行养护，每天定时给植株喷洒2～3次水，防止叶片因缺水而导致干缩卷曲。到了严寒季节，需要将鹃泪草盆栽移到温暖的室内养护，并确保室内温度保持在10℃以上。

盆栽鹃泪草可每隔2年在春季进行1次换盆，同时对植株进行重剪，促使枝条下部的侧芽萌发，可起到更新复壮枝条、延长观赏时间的作用。鹃泪草需肥不多，生长季节可每半月追施1次氮、磷、钾均衡的液态肥，可用0.1%的尿素加0.2%的磷酸二氢钾混合液；对开花枝条进行修剪后，应补充追施1次速效肥，促使从其基部抽生出健壮的枝条；入秋后追施1次磷钾肥，有利于提高植株的抗寒性；气温降至13℃以下，植株进入半休眠阶段后，应停止施肥。

4. 繁殖方法

鹃泪草适合采用播种和扦插的方法进行繁殖。

（1）播种繁殖

4～5月，将鹃泪草种子撒播于装有消毒过的腐殖土的广口花盆中，蒙盖塑料薄膜保湿，阳光强烈时稍加遮阴，维持20～25℃的发芽适温，10～15天即可发芽。加强水肥管理，注意喷水和遮阴，株高4～5cm时分栽，当年即可盆栽观赏。

（2）扦插繁殖

扦插繁殖全年均可进行，但以5～6月或8～9月进行为好。剪取顶端枝条，长8～10cm，带3～4节，摘去下部叶片，仅保留端部的4～5个小叶，将其扦插于素砂

图3-23　鹃泪草

床上，也可插入珍珠岩或蛭石中。保持足够的湿度，维持18～25℃的生根适温，插后15～20天即可生根上盆。也可直接将剪好的插穗扦插于花盆中，很快能形成可供观赏的花卉。另外，还可于春天进行水插繁殖。

二十四、红羽竹芋栽培与养护

别名 饰叶肖竹芋

图3-24 红羽竹芋

1. 形态特征

红羽竹芋（图3-24）为多年生常绿草本植物。红羽竹芋叶片长椭圆形至披针形，幼叶表面为橄榄绿色，有光泽，有平行的桃红色绒状斑纹。红羽竹芋老叶线条变为乳白色，叶背淡红色或暗紫红色，十分美丽，观赏价值高。

2. 生长习性

红羽竹芋喜半阴，喜温暖，喜湿润，不耐寒，不耐干旱，忌强光直射。红羽竹芋喜疏松肥沃和排水良好的土壤，生长适温为18～25℃。

3. 栽培养护

红羽竹芋在生长季节应保持盆土湿润，夏季每天向叶面喷雾1～2次，并向周围地

面洒水，从而增湿降温。秋冬季应多见阳光，冬季生长温度不能低于15℃。冬季少浇水，保持干燥，停止施肥。生长季节每月施1～2次稀薄饼肥水即可。

4. 繁殖方法

红羽竹芋适合采用分株繁殖。具体操作是在春季4～5月期间，结合换盆将生长密集的红羽竹芋植株脱出，去掉宿土，将健壮、整齐的幼株分割开，上盆栽植后浇足水，将盆栽放置到半阴环境下进行养护即可。红羽竹芋在早春低温环境下生长的时候不适合进行分株繁殖，因为容易伤害植株的根部，导致成活率降低，所以分株切忌过早。每3年进行1次分株最佳。

二十五、豆瓣绿栽培与养护

别名 青叶碧玉、椒草、翡翠椒草、小家碧玉

1. 形态特征

豆瓣绿（图3-25）为多年生常绿草本植物。豆瓣绿植株能长20～25cm高，茎较圆，容易产生分枝，茎秆多为淡绿色带紫红色的斑纹；浓绿色叶片互生，长椭圆形，富有光泽，基部楔形，叶柄稍短。豆瓣绿为穗状花序，花序长度为2～18cm，开绿白色的小花。

2. 生长习性

豆瓣绿喜在温暖潮湿的半阴环境下生长，忌强光直射，喜疏松肥沃且具有良好排水性的潮润培养土。豆瓣绿生长适温为25℃左右，最低在10℃左右。

图3-25 豆瓣绿

3. 栽培养护

豆瓣绿培养土可用河砂、腐叶土混合配制。豆瓣绿最好放置在半阴处，5～9月生长期要多浇水，天气炎热时应对叶面喷水或淋水。

4. 繁殖方法

豆瓣绿适合用分株繁殖和叶插繁殖。

二十六、翠云草栽培与养护

别名 蓝地柏、龙须、地柏叶、伸脚草、绿绒草

1. 形态特征

翠云草（图3-26）为中型伏地蔓生蕨植物。翠云草有明显的茎枝，但又长不高，最高为10～30cm；茎枝上半端向后弯倾，如同展开的花瓣一般。由于翠云草有直立的茎枝，下端木质部，所以翠云草不是草本植物，而是低矮的木本植物。翠云草株形奇特，羽叶密似云纹，生长在同一平面上，枝条顶端会变成银灰白色，四季翠绿。

图3-26 翠云草

2. 生长习性

翠云草喜温暖潮湿的环境，怕强光照射，耐半阴。翠云草生长适温为16～26℃，最低生长温度为12℃。

3. 栽培养护

翠云草在北方冬季要放入温室养护。生长期要经常浇水和向叶面喷水，保持盆土湿润和空气湿度。盛夏在遮阴条件下养护，每隔半个月施肥1次。

4. 繁殖方法

翠云草适合采用扦插的方法进行繁殖。截取翠云草大概10cm长的茎枝，平铺到潮湿土壤上，不需进行土埋，仅仅在扦插好的枝条上进行喷雾，几天后就能生根。最后再将成活的植株进行正常的水肥管理即可。在其生长过程中，需要多浇水，土壤保持湿润不干燥，2～3个月后即可生长繁茂。

二十七、芭蕉栽培与养护

别名 芭苴、板焦、板蕉、大芭蕉头、大头

1. 形态特征

芭蕉（图3-27）为多年生草本植物。芭蕉植株的高度为2.5～4m；叶片为长圆形，先端比较钝，基部为圆形或不对称，鲜绿色的叶面富有光泽；粗壮的叶柄可长到30cm左右；花序顶生，下垂；苞片为红褐色或紫色；雄花长在花序的上部，雌花长在花序的下部；每个苞片内的雌花大概为10～16朵，并排成2列；合生花被片的长度为4～4.5cm，离生花被片和合生花的被片长度大致相同，顶端具有小尖头；长圆形的浆果为三棱状，长度为5～7cm，内有若干个种子。芭蕉的种子为黑色，有疣突以及不规则棱角，宽为6～8mm。

2. 生长习性

芭蕉喜温暖湿润环境，耐半阴，适应性较强，生长较快，茎分生能力强，在土层深厚、疏松肥沃和排水良好的土壤中生长较好。芭蕉不耐寒，但也能耐短时间的0℃低温。

图3-27 芭蕉

3. 栽培养护

芭蕉多在阴凉潮湿，土壤肥沃、透气的环境下生长。栽后3～4年，需要每年施肥盖土1次，以便促进芭蕉的繁育生长。施肥盖土最好在温度适宜的春天新叶开始生长的时候进行。冬季的最低温度至少在4℃以上才能安全越冬。栽种芭蕉的时候，除了施足基肥外，每个月还应追施腐熟的有机肥1～2次。

4. 繁殖方法

芭蕉一般采取分株繁殖。具体操作是在每年的4月上旬，在芭蕉周围将泥土挖开，使小芭蕉和匍匐茎根裸露出来，再从母体上一起切下，切下的小芭蕉便是分株繁殖的种苗。当芭蕉的根上长出许多幼株的时候，也可进行分株繁殖。移栽前需要在盆中施加有机肥作为底肥。

二十八、花烛栽培与养护

别名 红鹅掌、火鹤花、安祖花、红掌

1. 形态特征

花烛（图3-28）为多年生常绿草本植物。植株的高度为50～90cm，有革质叶片，青绿色，呈长圆状心形或卵圆形，开放的花朵很像一只伸开的富有光泽的红色手掌，上面长有一根金黄色或橙红色犹如火烛般或火鹤般的肉穗。花烛每年有2个月的观赏期，用作切花时可持续数周。如栽培得法，能全年开花，几乎每片叶的腋间都能长出一枝花。

2. 生长习性

花烛喜在温暖潮湿、有充足散射光照射的环境下生长，忌强光直射。花烛生长适温为18～25℃。

图3-28 花烛

3. 栽培养护

花烛生长的培养土需要有良好的排水透气性，可用细蛇木屑栽培或用2份腐殖质土与1份粗泥炭土混合成的基质栽培，每隔半个月左右需要追施1次肥。每个星期浇2～3次水。

4. 繁殖方法

花烛多采用分株的方法进行繁殖。具体操作是在春季结合2～3年生的花烛植株换盆进行分株，由于花烛普遍只有1～2个萌蘖株，需要很仔细地分割移栽到小盆中，1个月后即可生根发芽。另外，还可将直立的花烛茎进行分段剪切，每段2～3节，将消毒后的茎栽植到湿润的水苔中，1～2个月后即可生根。

二十九、虎耳草栽培与养护

别名 石荷叶、金线吊芙蓉、老虎耳、金丝荷叶

图3-29 虎耳草

1. 形态特征

虎耳草（图3-29）为常绿草本植物。虎耳草株高大概为10cm，全株被毛，有细长的匍匐茎，顶端可长出新植株。虎耳草为单叶，基部丛生，有长柄，叶片圆形或心形，深绿色的叶面，沿叶脉有白色的斑纹，叶缘长有疏生锐齿，叶背为紫红色，长有许多小球形细点。虎耳草多开白色的小花，花瓣5枚，花葶为赤红色，多分枝，花期为5～6月，蒴果为卵圆形。

2. 生长习性

虎耳草喜在荫蔽潮湿的环境下生长，不可进行强光直射。一般情况下，虎耳草在所有土壤中均可生长，在疏松透气且具有良好排水性的土壤中生长状况最佳。原生地生长

的虎耳草较为耐寒，即便在5℃左右的低温环境下也能正常生长。虎耳草安全越冬，温度最好在15℃以上。

3. 栽培养护

盆栽虎耳草可一年四季都放置到明亮的房间内养护，最好摆放在向阳的窗户附近。在其生长旺盛期要多浇水，适度施肥，盆土维持潮湿，忌水涝。虎耳草在花期过后，会进入短暂的休眠期，此时要少浇水，保持盆土略干燥。北方地区的盆栽虎耳草需要移到室内越冬。

4. 繁殖方法

虎耳草一般采用播种和分株的方法进行繁殖。播种繁殖适宜在3～4月进行，大概15天后就能出苗。分株繁殖一年四季均可进行。

三十、朱顶红栽培与养护

别名　柱顶红、孤梃花、华胄兰、百子莲、炮打四门

1. 形态特征

朱顶红（图3-30）为多年生草本植物。朱顶红有肥大的球状鳞茎，叶两侧对生，阔带状，形状似君子兰；花序伞形，有2～4朵花，花大呈漏斗形，略平伸并下垂，有红、白、黄、紫等色，花期为4～6月。

2. 生长习性

朱顶红喜在温暖潮湿的半阴环境下生长，稍耐寒冷，忌盆土积水。朱顶红生长适温为18～25℃，在疏松肥沃的砂质壤土中生长良好。

图3-30　朱顶红

3. 栽培养护

朱顶红在春季开花，夏季进入生长旺盛期，秋冬两季进入休眠期。华东地区进行地栽或盆栽皆可。盆栽朱顶红的培养土要求含有丰富的腐殖质且具有良好排水性的砂质土，也可采用6份腐叶土、2份砻糠灰以及2份园土混合而成的培养土。

朱顶红喜肥，当叶片长到5～6cm的时候就需要施肥，一般情况下，每隔半个月左右追施1次沤熟的菜饼薄肥。在盛夏季节，盆栽朱顶红需要放置在凉爽半阴的环境下，避免强光暴晒，要少浇水，以免导致朱顶红枝条徒长。

朱顶红在进入休眠期时，地上部分的叶片会出现干枯，应当全部剪掉。通常情况下，盆栽朱顶红需要在10月下旬移到室内进行养护，此时要少浇水，盆土保持稍干燥，否则会导致朱顶红的鳞茎腐烂。盆栽朱顶红到了次年4月清明过后再移出室外养护。冬季不可施肥。

4. 繁殖方法

朱顶红一般采用分球繁殖和插种繁殖。

（1）分球繁殖

朱顶红在进行分球繁殖时，可结合春季2～3月或花期过后的夏季翻盆换土进行。具体操作是将鳞茎上着生的小鳞茎带有叶片一起从母球上分离开，然后再将其另外栽种在花盆中，分栽后1～2年就能开花。

（2）插种繁殖

在花谢后的6～7月期间，在种子成熟后进行随采随播。由于播种苗生长缓慢，所以一般情况下很少采用播种繁殖。

三十一、冷水花栽培与养护

别名　透明草、花叶荨麻、白雪草、铝叶草

1. 形态特征

冷水花（图3-31）为多年生草本植物。冷水花茎肉质，高25～65cm，无毛。冷水花的叶为对生，叶片膜质，狭卵形或卵形，先端渐尖或长渐尖，基部圆形或宽楔形，边缘在基部之上有浅锯齿或浅牙齿，钟乳体条形，在叶两面明显而且密集，在叶脉上也有。

2. 生长习性

冷水花较耐寒，喜温暖湿润的气候，怕阳光暴晒，对土壤要求不严，能耐弱碱，较耐水湿，不耐旱。冷水花生长适温为18～30℃，越冬温度在10℃以上。

3. 栽培养护

冷水花应放在半阴处养护，或遮阴70%。培养土可用壤土、河砂、腐叶土混合配制。夏季可2～3天浇1次透水，冬季浇水量适度减少。生长期每个月施1次复合肥或稀薄饼肥水，冬季停止施肥。

图3-31　冷水花

4. 繁殖方法

冷水花一般采用扦插法进行繁殖，一年四季均可进行。具体操作是选择半成熟的冷水花插条，扦插后的枝条在20天左右即可生根。由于冷水花具有很强的丛生性，所以可结合翻盆换土将植株丛分成几株进行上盆栽种。

三十二、四季秋海棠栽培与养护

别名　蚬肉秋海棠、玻璃翠、四季海棠、

1. 形态特征

四季秋海棠（图3-32）为多年生肉质草本植物。四季秋海棠茎直立，多分枝；叶互生，叶面光亮，卵形，边缘有锯齿，夏季叶色青绿，冬季叶呈暗红色。四季秋海棠花色有红、白、粉红等色，腋生，数朵成簇，聚伞花序，花有单瓣和重瓣之分。四季秋海棠四季均可开花，但秋季开花最旺。

2. 生长习性

四季秋海棠喜温暖湿润和光线明亮的环境，不耐寒，不耐干燥，生长适温为18～25℃。

3. 栽培养护

四季秋海棠到了冬季要多见阳光，夏季应放在阴凉的地方养护。生长期浇水要充足，保持盆土湿润，但不可过湿。春夏季适当增加浇水量，并向叶面喷水；冬季应适当减少浇水量。施肥应遵循“薄肥勤施”的原则，生长期每半个月追施稀薄的肥水1次。

图3-32　四季秋海棠

4. 繁殖方法

四季秋海棠多采用播种和扦插的方法进行繁殖。

（1）播种繁殖

以春秋季进行播种为宜。秋海棠种子细小，寿命短，隔年种子发芽率很低，发芽适温为18～24℃。播种土可用腐叶土和细砂配制，播后覆薄土，约12天左右发芽，待长出5～6片叶子后可上盆。一般播种后4～5个月开花。秋季播种后在温室越冬，第二年春天开花。

（2）扦插繁殖

一般最好在春秋季扦插。剪取顶端长10cm的健壮插条作接穗，插于湿润的细砂或珍珠岩中，插穗1/3插入基质中，保持较高的空气湿度，室温为20～24℃。插后半个月左右生根。

三十三、吊竹梅栽培与养护

别名　吊竹草、吊竹兰

1. 形态特征

吊竹梅（图3-33）为多年生常绿草本植物。吊竹梅茎蔓生，多分枝，节上有根；叶子互生，无柄，呈长圆形，叶端尖，基部钝圆，边缘光滑；全叶为绿色，有纵长的紫红色和银白色条斑，叶背为紫红色，开紫红色花朵。

2. 生长习性

吊竹梅喜温暖湿润的环境，不耐寒，不耐旱，耐水湿，较耐阴。吊竹梅生长适温为15～25℃，越冬温度不能低于10℃。

图3-33 吊竹梅

3. 栽培养护

吊竹梅栽培以疏松肥沃的壤土为佳。盆栽多用腐叶土（泥炭）、园土等量混合制作培养土。在生长季节，待表土约2.5cm深处干时再进行浇水。盆土稍干，叶色会更鲜艳。在冬季休眠期，待盆土一半干时再进行适量浇水。生长旺盛期每10天追施1次液肥，以氮肥为主，冬季停止施肥。

4. 繁殖方法

吊竹梅采用扦插及分株的方法繁殖。

三十四、君子兰栽培与养护

别名 剑叶石蒜、大叶石蒜

1. 形态特征

君子兰（图3-34）为多年生常绿草本植物。君子兰根肉质纤维状，基部有叶基形成的假鳞茎，叶片宽厚且浓绿，橙红色的花朵显眼夺目，花期长达1个多月。君子兰可分为两个品种，即大花君子兰和垂笑君子兰。大花君子兰盛开时，花朵向上，叶片较宽；垂笑君子兰开花时花朵向下，似漏斗形。华东地区君子兰每年4月开花，冬季如果放置在室温15～20℃的室内，则从12月起也可开花。

2. 生长习性

君子兰喜温暖湿润的生长环境，喜半阴环境，有一定的耐阴性。君子兰要求疏松肥沃、富含腐殖质的土壤，排水要好，切忌积水，生长适温为15～25℃。

3. 栽培养护

君子兰夏季要避免强光暴晒，适度遮阴。浇水要遵循“见干见湿”的原则。生长旺

盛期的盆土湿度一般应保持在80%以上，不能低于60%。

家庭盆栽的君子兰冬季可放置在向阳的室内，室温保持5℃左右就可安全越冬。春、夏、秋三季可放在窗口通风处。春秋季节可以照射微弱的阳光，夏季应防烈日照射。

君子兰的施肥原则是“薄肥勤施”，切忌施浓肥和生肥。春秋生长期，每7～10天施1次以氮肥为主的薄肥，促使其枝叶茂盛；花前2～3个月，每周应施1次以磷肥为主的薄肥，助长花蕾，使花大且色艳。入冬和盛夏季节停止施肥。

4. 繁殖方法

君子兰常采用播种和分株的方法繁殖。

（1）播种繁殖

常在11～12月种子成熟呈棕色时，采下晾干，次年2～4月播入盆内。播种土可用山泥与河砂各半混合，播种后套上大口玻璃瓶或盖上玻璃，放在室内半阴处。盆土保持湿润，约2个月左右发芽生根，4～5年后开花。

（2）分株繁殖

可在每年春秋季结合翻盆换土进行，成活率较高。注意分株后母株与子株的伤口要涂上草木灰或硫黄粉，以免伤口流汁，这样可使伤口迅速干燥，防止腐烂，否则会影响其成活率。

图3-34　君子兰

三十五、含羞草栽培与养护

别名　感应草、知羞草、呼喝草、怕丑草、

1. 形态特征

含羞草（图3-35）为多年生草本植物。由于含羞草的叶子会对热和光产生反应，受到外力触碰会立即闭合，所以被称作含羞草。含羞草的茎呈圆柱状，有分枝，上有钩刺

图3-35 含羞草

及倒生刺毛。含羞草的叶为羽毛状复叶互生，呈掌状排列；花形状似绒球，多为白色、粉红色；果实为扁圆形荚果，长约1～2cm。含羞草花期为7～8月，果期为8～10月。

2. 生长习性

含羞草喜光，喜湿润的土壤和空气环境，对土壤要求不严。含羞草生长适温为15～30℃，越冬室温应不低于10℃。

3. 栽培养护

含羞草培养土可用5份园土、3份腐叶土、2份河砂，同时加入少量沤制过的饼肥末混合配制。生长季节每月给盆栽植株松土1次。盆栽植株春秋两季可接受全光照，夏季应避开正午前后3～4个小时的强光直晒，冬季应搁放于室内光线较好的地方。夏季当气温达32℃以上时，要将盆栽植株搁放于凉爽湿润处。生长季节应始终保持盆土湿润，并经常检查，防止盆内积水。4～9月，可每月追施1次稀薄的饼肥液或复合肥液。

4. 繁殖方法

含羞草适合采用播种繁殖。全年均可进行，但通常以3月播种为宜。选用新鲜饱满的种子，将种子浸泡于40℃的温水中一昼夜，取出后稍加摊晾，然后再进行播种。

三十六、马蹄莲栽培与养护

别名 慈姑花、水芋、野芋、慈菇花、滴水观音

1. 形态特征

马蹄莲（图3-36）为多年生草本植物。马蹄莲有肥大肉质块茎，株高约70cm；叶为茎生，有长柄，叶柄一般为叶长的2倍，上部有棱，下部呈鞘状折叠抱茎；叶为卵状箭

形，鲜绿色；花梗着生叶旁，高出叶丛，佛焰苞大，呈马蹄形；肉穗花序包藏于佛焰苞内，圆柱形，鲜黄色，花序上部生雄蕊，下部生雌蕊；花期为2～4月，在气候条件适合的地方可以收到种子，一般很少有成熟的果实，果实肉质，包在佛焰苞内。

2. 生长习性

马蹄莲喜温暖，既不耐寒，也不耐高温，冬季需要充足的日照，夏季阳光过于强烈时应适当进行遮阴。马蹄莲喜潮湿，稍有积水不太影响其生长，不耐干旱。马蹄莲栽培要求疏松肥沃、富含腐殖质的黏壤土。马蹄莲生长适温为20℃左右，0℃时根茎就会受冻死亡。

3. 栽培养护

马蹄莲在夏秋季节需要避开阳光直射，冬季要给予充分的阳光照射。浇水要遵循“见干见湿”的原则，生长初期要浇透土壤，保持盆土湿润；夏季休眠时适当减少浇水量。马蹄莲上盆时应施足底肥；夏季高温时可以适当施微量的肥料，以增加植株抵抗高温的能力；开花前可以用稀释的硝酸钙溶液向叶面喷洒，以促进花苞萌发。

4. 繁殖方法

马蹄莲有分株繁殖和播种繁殖两种方法。

（1）分株繁殖

当马蹄莲植株进入休眠期后，剥下块茎四周的小球，另行栽植即可，一般栽植3个月后即可开花。

（2）播种繁殖

马蹄莲也可播种繁殖，种子成熟后即可进行盆播，马蹄莲发芽适温在20℃左右。

图3-36　马蹄莲

三十七、葱兰栽培与养护

别名　玉帘、葱兰、白花菖蒲莲、韭菜莲、肝风草

1. 形态特征

葱兰（图3-37）为多年生常绿草本植物。葱兰具有细长的鳞茎，株高15～20cm，叶基生，线形，稍肉质，鲜绿色。葱兰的花茎从叶丛一侧抽出，顶生单花，白色，外略有紫红晕。葱兰的花期较长，花期为7～11月。

图3-37　葱兰

2. 生长习性

葱兰喜在温暖潮湿和光照充足的环境下生长，耐半阴和寒冷。在华东地区，葱兰冬季也可在室外养护。葱兰多种植在肥沃且具有良好排水性的略带黏质的土壤中。

3. 栽培养护

葱兰生性强健，栽植几年后的葱兰即可挖出分别进行栽种，加快其生长繁殖速度。在葱兰生长旺盛期时，应视其长势情况酌情浇水与追肥。

4. 繁殖方法

葱兰一般采用分球的方法进行繁殖，多在春季进行。每穴栽种3～4个葱兰子球，浇足水，7天后即可成活。

三十八、红花葱兰栽培与养护

别名　红玉帘、菖蒲莲、风雨花、风雨兰、韭兰

1. 形态特征

红花葱兰（图3-38）为多年生草本植物。红花葱兰鳞茎卵形，有淡褐色外皮，根颈短，叶基生，扁线形，浓绿色。红花葱兰的花茎从叶丛中抽出，顶生单花，粉红色，

图3-38 红花葱兰

花期为6～9月。

2. 生长习性

红花葱兰喜在温暖潮湿、光照充足的环境下生长，耐半阴，不耐寒。红花葱兰适合生长在富含腐殖质且具有良好排水性的砂质壤土中。

3. 栽培养护

红花葱兰在生长旺盛期时需要进行充足的光照和施加适量的肥水。当红花葱兰的一批花凋萎后，最好停止浇水50～60天之后再恢复浇水，干湿反复间隔，1年内即可盛开3～4次花。红花葱兰盆栽养护2～3年后，最好将鳞茎取出，进行1～2年地栽养护，当鳞茎长得壮实后，再重新在花盆里种植养护。鳞茎具有很强的分生能力，成熟的红花葱兰鳞茎可从茎盘上分生出多个小鳞茎。

4. 繁殖方法

红花葱兰一般采用分球的方法进行繁殖。在秋季红花葱兰的老叶枯萎后或春季新叶萌发前挖起老株，将小鳞茎连同须根分开种植。每隔穴中栽种2～3个小鳞茎，栽种深度以鳞茎的顶梢露土为宜，一次分球繁殖后可间隔2～3年再进行分球繁殖。

三十九、阔叶麦冬栽培与养护

别名 大麦冬

1. 形态特征

阔叶麦冬（图3-39）为多年生常绿草本植物。阔叶麦冬根稍粗，须根末端膨大成纺锤形的小块根，具有细长的匍匐茎；叶丛生，线形；总状花序，花簇生，淡紫色或红紫

色；圆形浆果，蓝黑色。阔叶麦冬的花期为6～8月，果期为9～10月。

2. 生长习性

阔叶麦冬喜在荫蔽环境下生长，忌强光直射，较为耐寒。在长江流域，阔叶麦冬冬季也可在室外进行种植养护。阔叶麦冬适宜生长在肥沃潮润且具有良好排水性的砂质土壤中。

3. 栽培养护

阔叶麦冬在冬季应放置在朝南向阳处，也可露地越冬。夏秋放置在室内窗口通风处或室外遮荫的地方。阔叶麦冬对肥水的要求不严，在生长期间每月施1～2次追肥即可。阔叶麦冬也可水植，不需要在水中加肥，但要注意盆内不能断水，见盆水混浊时就要换水，这样就可使阔叶麦冬四季翠绿。

4. 繁殖方法

阔叶麦冬常用分株繁殖。分株繁殖时间多在春季，成活率较高。

图3-39 阔叶麦冬

四十、金鱼草栽培与养护

别名 龙头花、狮子花、龙口花、洋彩雀

1. 形态特征

金鱼草（图3-40）为多年生草本植物。金鱼草植株的高度为20～70cm，叶片为长圆状披针形；总状花序，花冠为筒状唇形，其基部膨大为囊状，上唇直立为2裂，下唇为3裂，展开外曲；花朵颜色丰富多彩，包括白色、肉色、深红色、深黄色、淡红色、浅黄色以及黄橙色等。

图3-40　金鱼草

2. 生长习性

金鱼草喜阳光，耐半阴，耐湿，怕干旱。金鱼草对水分比较敏感，不能积水，否则根系易腐烂，茎叶枯黄凋萎。金鱼草不耐热，较耐寒，能抵抗-5℃以上的低温，-5℃以下易发生冻害。

3. 栽培养护

金鱼草栽培基质应选择疏松肥沃、排水良好的培养土或用腐叶土、泥炭、适量草木灰均匀混合。冬季光照较少，可适时将盆栽移至室外接受阳光的照射，促进其正常生长。高温对金鱼草生长发育不利，开花适温为15～16℃，有些植株在温度超过15℃时不出现分枝，影响植株形态。

4. 繁殖方法

金鱼草多采用播种的方法进行繁殖。在春秋两季皆可进行播种繁殖。秋播苗相比春播苗生长得更健壮，花开得更茂盛。秋播后大概7～10天即可出苗。如果利用赤霉素液浸泡种子，可有效提升种子的发芽率。春播适宜在3～4月期间进行，金鱼草也可用扦插繁殖。

四十一、鸟巢蕨栽培与养护

别名 山苏花、巢蕨、王冠蕨、老鹰翅等

1. 形态特征

鸟巢蕨（图3-41）为多年生常绿附生草本植物。鸟巢蕨株高50～120cm，叶簇生，从植株基部向四周辐射伸展，株形呈漏斗状或鸟巢状，从上向下看就像一个鸟巢，因此得名鸟巢蕨。鸟巢蕨叶片宽披针形，叶片亮绿，革质，有光泽，成熟叶片背面沿着侧脉

图3-41 鸟巢蕨

有狭长的孢子囊。

2. 生长习性

鸟巢蕨喜温暖湿润、柔和散射光的半阴环境，当生长环境为高温潮湿的环境时，一年四季均可生长。鸟巢蕨不耐寒，生长适温为20～22℃，温度只有维持在5℃以上才可安全越冬。

3. 栽培养护

在盛夏季节需要对鸟巢蕨新长出的叶片多喷水，以便维持较高的空气湿度，这也有利于鸟巢蕨孢子的萌发。浇水务必浇透，才可避免植株因缺水而造成叶片干枯卷曲。在鸟巢蕨生长旺盛期每2～3周需施1次氮、钾混合的薄肥，促使新叶生长。鸟巢蕨对土壤要求不高，以泥炭土或腐叶土最好。夏季要进行遮阴，或放在大树下荫蔽处，避免强光直射，这样有利于生长，使叶片富有光泽。在室内则要放在光线明亮的地方，不能长期处于阴暗处。冬季要移入温室，温度保持在16℃以上，使其继续生长。

4. 繁殖方法

鸟巢蕨主要采用分株繁殖和孢子繁殖。

（1）分株繁殖

一般于4月中下旬结合换盆进行。选生长旺盛、叶片密集的植株，将丛生的植株连叶带根分切成若干丛，每丛带5～7片叶子，将株丛分别栽于花盆中，置于荫蔽处养护，环境温度控制在20～25℃，注意保持空气湿润，但土壤不可过于潮湿，否则植株易腐烂。

（2）孢子繁殖

一般在5～6月份进行，待成熟的叶片背面长出褐色的孢子囊时，将长有孢子囊的叶片切下，放在透气的纸袋中。等叶片枯萎，孢子从孢子囊中释放出时，将细砂和腐殖土搅拌均匀，经高温消毒后装入播种盆内压平，将孢子均匀地撒在盆土上，然后连盆浸入浅水中，使盆土充分湿润。盖上塑料薄膜，将其置于温暖、荫蔽处，7～10天孢子即

可萌发，经过1个月左右，会长出绿色的原叶体，幼苗有3～5枚叶片时就可上盆培育。也可将湿润的泥炭苔放在成熟的植株附近，让孢子自然下落萌芽。

四十二、圆叶竹芋栽培与养护

别名 苹果竹芋、青苹果竹芋

1. 形态特征

圆叶竹芋（图3-42）为多年生常绿草本植物。圆叶竹芋的株高为40～60cm，有根状茎，绿色的叶柄直接从根状茎上长出；叶片薄，革质，叶片硕大，呈卵圆形，新长出的叶片为翠绿色，老叶为青绿色，沿着侧脉有排列整齐的银灰色宽条纹，叶缘呈现波状起伏。

2. 生长习性

圆叶竹芋喜在温暖且有充足的散射光照射的半阴环境下生长，不耐高温和寒冷，忌强光直射。圆叶竹芋生长适温为18～30℃。

3. 栽培养护

在圆叶竹芋生长季节，每天除浇1次水外，还应加强叶面和环境喷雾，使空气相对湿度保持在85%以上。冬季应严格控制浇水，维持盆土稍干即可。在圆叶竹芋生长期间，可每周浇施稀薄有机肥1次。圆叶竹芋宜用疏松肥沃、排水良好、富含有机质的酸性腐叶土或泥炭土。圆叶竹芋忌强光暴晒。光线过强，易导致叶色苍白干涩，甚至叶片出现严重的灼伤，但光线又不能过弱，否则会导致叶质变薄而且暗淡无光泽，失去应有的鲜活美感，所以冬季应给予圆叶竹芋补充光照。

4. 繁殖方法

圆叶竹芋多采用分株繁殖与扦插繁殖。

图3-42 圆叶竹芋

（1）分株繁殖

圆叶竹芋在春季气温20℃左右时最适合进行分株繁殖。繁殖时用利刀将带有茎叶或叶芽的根块切开，直接置于泥盆中即可，温度、湿度达不到要求时应用薄膜覆盖。

（2）扦插繁殖

扦插繁殖一般用顶尖嫩梢，插蕙长10～15cm，视叶片大小，保留少部分叶片即可，管理方法同分株繁殖一样。扦插繁殖在湿度不低于20℃时都可进行，但扦插繁殖成活率不如分株繁殖高。

四十三、铁线蕨栽培与养护

别名 铁丝草、铁线草、水猪毛土

1. 形态特征

铁线蕨（图3-43）为多年生草本植物。铁线蕨为根状细长茎，叶柄多为紫棕色，富有光泽，叶片为卵形。铁线蕨叶脉多分叉，直达边缘，两面均明显。铁线蕨叶干后薄如草质，两面均无毛。

2. 生长习性

铁线蕨喜温暖，有一定的耐寒性，喜散射光，怕太阳直晒，喜湿润。铁线蕨白天适宜的生长温度为21～25℃，夜间为12～15℃，低于5℃铁线蕨叶片会冻伤。

图3-43 铁线蕨

3. 栽培养护

盆栽铁线蕨所选用的培养土可用混合基质，要求具有良好的透水性，保持土壤潮润。铁线蕨喜肥，但对肥料的需求量不大。春夏秋季为其生长季节，应每月施1次稀薄的液肥，每月可浇灌硫酸亚铁溶液2～3次。室内栽培铁线蕨时，需要根据室内湿度情况浇水，若空气过于干燥时，需要每天向叶面喷水2～3次，也可在花盆托盘中加水以增加空气湿度。

4. 繁殖方法

铁线蕨一般采用分株繁殖和孢子繁殖。室内养护铁线蕨主要以分株繁殖为主，分株繁殖最好在春季进行。在铁线蕨根状茎分叉处剪断枝条，每个携带顶芽的分枝即可形成一个新的植株。孢子繁殖适宜用盆播法，孢子繁殖难度较高。

四十四、西瓜皮椒草栽培与养护

别名 豆瓣绿椒草

1. 形态特征

西瓜皮椒草（图3-44）为多年生常绿草本植物。西瓜皮椒草株高15～28cm，茎短丛生，叶柄红褐色；叶卵形，肉质，尾端尖，轮生或互生，长3～6cm，宽2～4cm，叶脉由中央向四周辐射，主脉8条，浓绿色，脉间为银灰色，状似西瓜皮，因此叫西瓜皮椒草。西瓜皮椒草为穗状花序，开小白花。

2. 生长习性

西瓜皮椒草喜在温暖潮湿的半阴环境下生长，忌强光直射，否则易导致叶变色。西瓜皮椒草喜湿，由于其厚叶可贮藏一部分水分，因此也耐旱。西瓜皮椒草茎叶较为柔软，易导致腐烂，不耐寒冷和高温。西瓜皮椒草生长适温为20～30℃，温度在12℃以上才能安全越冬。

3. 栽培养护

西瓜皮椒草需要栽培在疏松肥沃、排水良好的土中，在黏土中不易生长。西瓜皮椒草盆土宜选用腐叶土与粗砂或煤渣灰混合后使用，也可用泥炭土与珍珠岩混合。西瓜皮椒草在生长期间每个月施稀薄液肥1次，可使其生长健壮，叶色鲜艳；应适当多浇水，但每次浇水不宜太多，以免腐烂死亡，保持盆土均匀湿润即可。西瓜皮椒草在夏天忌阳光直射，注意向叶片周围喷雾，以提高空气湿度。

4. 繁殖方法

西瓜皮椒草多采用叶插、枝插以及分株的方法进行繁殖。

（1）叶插繁殖

叶插一般于春季进行，如果室内温度达到22℃，可四季扦插。具体操作是将带完全叶柄的叶片剪下，晾2～3小时后，斜插于砂床或疏松的基质中，基质最好为素砂或蛭石，温度控制在20～25℃，湿度保持在70%左右，一个月左右即可生出不定根和不定

图3-44　西瓜皮椒草

芽，2个月左右即可长成小苗。在苗高3～5cm时，可移栽到营养土中。

（2）枝插繁殖

枝插一般在春夏季进行。选取健壮的枝条，剪取6cm左右的插穗，去除下部叶片，晾干切口，然后插入湿润的砂床中。在半阴环境下，保持22℃左右的温度即可生根。

（3）分株繁殖

一般在春秋两季结合换盆时进行。分株时要剪除部分叶片，以防止萎蔫，保证成活率。选取母株根基处发有新芽的植株，抖去多余的根土，用利刀根据新芽的位置，在母株上切取带顶尖并有根的枝条。分株时注意保护好母株和新芽的根系，将植株直接用培养土栽种，浇透水，放荫蔽处。也可在植株长满盆时，将植株倒出，分成数丛栽种。

四十五、艳凤梨栽培与养护

别名　斑叶凤梨、五彩凤梨、金边凤梨

1. 形态特征

艳凤梨（图3-45）为多年生草本植物。艳凤梨植株可长到120cm的高度，叶片为莲座状着生，叶片的长度为60～90cm，叶片厚且硬，两侧近叶缘处具有米黄色纵向条纹。艳凤梨的叶丛中生有花葶，为稠密球状花序，开紫红色的小花，结果后的艳凤梨顶部冠

有叶丛。

2. 生长习性

艳凤梨喜在温暖潮湿的半阴环境下生长，喜疏松肥沃的土壤。艳凤梨稍耐干旱，植株略粗犷，生性强健，适宜水养，当温度在15℃以下时就停止生长，5℃以下会遭受寒害。

3. 栽培养护

艳凤梨所用的培养上最好富含有机质且具有良好的排水性，盆栽艳凤梨最好选择用泥炭土、腐熟土以及河砂混合调制，如果再加入少量腐熟饼肥作基肥更有利于植株的生长。在艳凤梨的生长旺盛期，应保持盆土潮湿不干燥，合理选择复合肥作追肥，切忌施加过多氮肥，以免引起徒长；在生长季节需要每个月施加1～2次复合肥；抽花前应施加1次磷酸二氢钾，开出的花朵更娇艳。在植株的生长阶段要遮光50%为宜。在新叶长出的时候，定期向叶面喷施含镁的叶面肥，能让叶色更亮丽。

4. 繁殖方法

艳凤梨多采用分株和扦插的方法进行繁殖。

（1）分株繁殖

艳凤梨分株繁殖应该在生长旺盛期进行，将有6～8片叶的萌芽株从母株上切下另外栽种即可。

（2）扦插繁殖

艳凤梨进行扦插繁殖时多用叶片带踵进行扦插，具体操作是在春夏两季，将艳凤梨的叶片连同休眠芽带踵一起切下，并将上部一半的叶片剪去，插到砂床或砂盆中，大概1个月后即可生根发芽。

图3-45　艳凤梨

四十六、姬凤梨栽培与养护

别名 紫锦凤梨、海星凤梨

1. 形态特征

姬凤梨（图3-46）为多年生草本植物。姬凤梨的植株普遍长得比较低矮，叶莲座状平铺地面；叶片呈剑状披针形，叶表嫩绿色有淡红色纵向条纹。姬凤梨常开白色的小花，花常常隐藏在叶丛中。玫红姬凤梨叶片有淡黄色的条纹；红叶姬凤梨叶片有铜绿色的条纹；绒叶姬凤梨叶片呈铜绿色，有褐色、淡黄色的不规则横纹。

图3-46 姬凤梨

2. 生长习性

姬凤梨喜在温暖潮湿且具有充足散射光照射的环境下生长，忌强光直射，耐干旱，不耐寒，当温度在13℃以下时会停止生长，4℃以下时叶片容易遭受寒害。姬凤梨适宜种植在疏松肥沃且具有良好排水性的土壤中。

3. 栽培养护

姬凤梨盆土可用腐熟园土、河砂及泥炭土等混合，加入适量腐熟有机肥作基肥。生长季节保持土壤湿润，冬季可稍干燥。追肥用复合肥或饼肥比较好，生长季节每月施肥1～2次，氮肥过多容易引起徒长。姬凤梨生长阶段应遮光50%以上。家庭养护姬凤梨需定期接受日照，这样叶色会更亮丽。

4. 繁殖方法

姬凤梨多采用分株繁殖。具体操作是将基部萌芽株带根切下另植即可，也可先在砂

床中培育成较大苗再上盆。也可用叶片带踵扦插繁殖。春夏季将下部的叶带休眠芽切下，插于砂床中，保持适当湿润并遮阴，约1个月可生根发芽，2个月可移植。

四十七、红背竹芋栽培与养护

别名 红背卧花竹芋

1. 形态特征

红背竹芋（图3-47）为多年生草本植物。红背竹芋的植株能长到80～100cm高，呈直立状；深绿色的叶片呈厚革质，为长卵形或披针形；叶片上的中脉为浅色，有血红色的叶背。红背竹芋的花序呈圆锥状，苞片和萼为鲜红色，开白色的花瓣。

2. 生长习性

红背竹芋喜在温暖潮湿的半阴环境下生长，不耐干旱与寒冷，忌强光直射。红背竹芋适宜生长在疏松肥沃的泥炭土中，冬季生长温度维持在10℃以上可安全越冬。

3. 栽培养护

红背竹芋在生长旺盛期需要多向叶面喷水，每月施加1次有机肥，盆内不可积水，需要将黄叶和枯叶及时修剪干净。盛夏季节应将红背竹芋放置到遮阴处，避免强光直射。冬季要进行充足的光合作用，注意少浇水。

4. 繁殖方法

红背竹芋一般采用分株和扦插的方法进行繁殖。

（1）分株繁殖

红背竹芋进行分株繁殖多在每年的4～5月期间，将生长密集的株丛分成数个小丛

图3-47 红背竹芋

进行上盆栽植养护即可。

（2）扦插繁殖

红背竹芋进行扦插繁殖最好选择在6～7月，将母株上部的节间用剪刀切下，插到腐叶土或泥炭中，等到生根后再进行上盆栽种。

四十八、凤尾蕨栽培与养护

别名 井栏草、小叶凤尾草

图3-48 凤尾蕨

1. 形态特征

凤尾蕨（图3-48）为蕨类植物。凤尾蕨植株高50～70cm；根状茎短而直立或斜升，粗约1cm，先端被黑褐色鳞片。凤尾蕨叶边缘为锯齿状，顶生三叉羽片的基部常下延至叶轴，其下一对也会下延。凤尾蕨叶干后同铁线蕨一样多为纸质，叶轴禾秆色，表面较平滑。

2. 生长习性

凤尾蕨喜温暖湿润、阴暗的环境，不耐干燥，忌水涝，要求荫蔽、空气湿润、土壤透水良好。凤尾蕨较耐寒，生长适温为10～26℃，越冬温度可低至0～5℃。

3. 栽培养护

在凤尾蕨植株生长期应注意向叶片或植株四周喷水降温。凤尾蕨在空气湿度保持在75%～80%时生长状况良好，过于干燥会导致叶片边缘变枯黄，甚至导致植株死亡。在盛夏季节，需要进行适度遮阴处理，在通风良好的环境下进行养护。在寒冷季节需要将

凤尾蕨移到温暖的室内越冬。在凤尾蕨生长旺盛期时，需要及时修剪以及换盆。凤尾蕨的修剪工作最好在秋季进行，剪去枯黄的叶片，确保植株能够通气顺畅，让植株更具有观赏价值。

4. 繁殖方法

凤尾蕨常用孢子繁殖和分株繁殖。

（1）孢子繁殖

由于凤尾蕨不开花，无法采集到种子，一般情况下，凤尾蕨都是用无性孢子进行繁殖。需要将采集到的凤尾蕨新鲜孢子尽快播种到培养土中，此时发芽率比较高。

（2）分株繁殖

一般情况下，凤尾蕨进行分株繁殖多在4～5月进行。在进行分株之前，需要少浇水，有利于植株脱土。把脱土后的植株利用锋利的刀子分为3～4丛，再分别栽种到小盆中进行精心养护，直到块茎部位长出初生叶，新植株已成活。

四十九、红网纹草栽培与养护

别名 无

1. 形态特征

红网纹草（图3-49）为多年生草本植物。红网纹草有匍匐茎，红色的直脉清晰明了，开黄色的小花，花序直立或倒立，花期为4～6月。

图3-49　红网纹草

2. 生长习性

红网纹草喜在高温潮湿的半阴环境下生长，怕寒冷和干燥，忌水涝。红网纹草喜生长在具有良好排水透气性的土壤中。

3. 栽培养护

红网纹草所适宜的盆土可选择用1份泥炭、1份砂以及1份腐叶混合配制而成，盆底需要提前垫好石子或沙子作为排水层。浇水要遵循“宁湿勿干”的原则，不需要等到盆土干透才浇水，切忌盆土积水。在阴天下雨的时候，要少浇水，以保持盆土稍干燥。到了冬季，需要将红网纹草盆栽移到温暖的室内进行养护，当温度保持在15℃以上时可安全越冬。在此期间，切忌用冰水浇灌。在植株处于生长旺盛期时，需要每个月施加2次薄肥。

4. 繁殖方法

红网纹草多采用扦插的方法繁殖。具体操作是在6～7月截取红网纹草的3～4节茎插入消过毒的基质中，基质不可太干或太潮。当空气干燥的时候，可选择罩上一层薄膜进行保湿，大概10天后就能生根。红网纹草也可用水插的方法进行扦插繁殖。

五十、果子蔓栽培与养护

别名 红杯凤梨、红星凤梨、姑氏凤梨

1. 形态特征

果子蔓（图3-50）为多年生附生性草本植物。果子蔓植株生长的高度为20～45cm，茎秆比较短，基部会萌发许多芽。果子蔓叶为莲座状基生，叶基常卷成筒状；成株一般生有15～25枚叶片，叶片的形状为剑状披针形，呈革质，富有光泽，先端弯垂。果子蔓为头状花序，花葶可伸出叶筒，长有红色的苞片，花期很长，一般都能持续3～4个月。

图3-50 果子蔓

2. 生长习性

果子蔓喜在温暖的环境下生长，喜散射光照射，忌强光直射，不耐寒。温度在12℃以下会停止生长，6℃以下容易遭受寒害。果子蔓喜生长在疏松肥沃、富含纤维质的培养土中。

3. 栽培养护

果子蔓的栽培基质可用泥炭土、河砂与适量腐熟有机肥混合调制而成。果子蔓生长季节需保持盆土湿润，可以在叶筒中注水保湿，冬季要清除叶内积水。果子蔓追肥用复合肥较好，氮肥过多易引起徒长。夏季应遮光70%以上，冬季可适当增加光照。家庭养护宜摆放于有散射光处。果子蔓植株长至1.5片叶以上时，可用乙烯利催花。

4. 繁殖方法

果子蔓多采用分株繁殖。当基部萌芽长4～6片叶时，可从母株切下另栽于花盆。也可用叶片带踵扦插繁殖。将叶片连同少许茎部切下，剪去上部，带踵插入砂床或砂盆，保持湿润，约6周可生根发芽。

五十一、细叶卷柏栽培与养护

别名 柏地丁、地柏枝、心基卷柏、

1. 形态特征

细叶卷柏（图3-51）为常绿观叶植物。细叶卷柏根的茎上密布无数细小片状的叶片，以4行方式排列，茎枝绿色，十分纤细，易呈平伏卧状或呈倒伏状，显得植株非常矮小，呈丛簇状，叶色翠绿，非常好看，可做成小品盆栽或小吊钵，放置在室内暗处，十分美观。

2. 生长习性

细叶卷柏喜温暖潮湿、阴暗的环境，生长适温为18～24℃。

图3-51　细叶卷柏

3. 栽培养护

细叶卷柏栽培盆土可用1份含厩肥的培养土加入3份河砂，混匀使用。一年四季要多浇水，盆土经常保持湿润。不需要上很多的肥，到秋末时施加一些稀薄的液肥即可。北方盆养细叶卷柏在冬季要移入温室越冬，放在花架下的阴潮环境中能长得更好。

4. 繁殖方法

细叶卷柏可用孢子繁殖，或从产地采挖自生苗直接盆栽。

五十二、猪笼草栽培与养护

别名 水罐植物、猴水瓶、猴子埕、猪仔笼、雷公

图3-52 猪笼草

1. 形态特征

猪笼草（图3-52）为多年生草本或半木质化藤本食虫植物。猪笼草叶互生，中脉延长为卷须，末端有一个小直笼，笼为小瓶状，瓶口边缘厚，上有小盖，生长时盖张开，不能再闭合；笼色以绿色为主，有褐色或红色的斑点和条纹，十分美观；笼内壁光滑，笼底能分泌黏液和消化液，有气味引诱动物。小动物一旦落入笼内，很难逃出而终被消化吸收。猪笼草雌雄异株，为总状花序。

2. 生长习性

猪笼草喜高湿和高温的环境，适宜生长在偏酸性且低营养的土壤中。猪笼草适应性较强，能耐昼夜温度变化较大的环境。

3. 栽培养护

猪笼草栽培时宜悬挂于树荫下或温室内，稍遮阴，温度不低于18℃，夏季要求高湿

度和通风。猪笼草生长期在室外喜好弱光，而且要尽可能放在湿度高的场所。土表变干即浇水，夏季要常向叶片喷水，从秋天开始要保持基质稍干状态，冬季要控水。因猪笼草不耐寒，所以必须做好保温工作。如果猪笼草叶片过长，反而不能形成袋，故一般每2个月才施肥1次。

4. 繁殖方法

猪笼草多适合用扦插和播种的方法进行繁殖。扦插繁殖是猪笼草最常用的繁殖方法。具体操作是用剪刀剪取有2～3节的猪笼草枝条作为插穗，大的叶子切下大概一半，插到砂中或浸到水中，等到长出根部，并且侧芽萌发出3片叶子时可上盆定植。

五十三、珠兰栽培与养护

别名 真珠兰、珍珠兰、金粟兰、鱼子兰

1. 形态特征

珠兰（图3-53）为常绿多年生草本植物。珠兰植株能长到60cm高，老株基部呈木质化，茎直立稍微呈披散状，茎节分明，节上有分枝。珠兰叶对生，叶子呈椭圆形，边缘有钝锯齿，叶面光滑。珠兰为穗状花序顶生枝端，开黄色的小花，花开时散发浓郁的幽香，花期为8～10月。

2. 生长习性

珠兰喜温暖、潮湿和通风的环境，喜阴，忌烈日暴晒，要求疏松肥沃、腐殖质丰富、排水良好的土壤。

3. 栽培养护

珠兰在养护过程中最好保持稍湿润，环境的空气湿度应在80%左右，土壤中含有的

图3-53 珠兰

水分最好应保持在25%～30%，每年的春秋两季需要分别追施1～2次稀薄液肥即可，不需要每年进行翻盆换土。盛夏季节，要将珠兰盆栽放到阴凉通风的环境下，透光度维持在30%左右，雨季来临之前，需要增加空气湿度，可每天向植株的四周喷水降温。10月上旬移入室内有直射光处，室温维持在5℃以上。

4. 繁殖方法

珠兰可选择用压条、扦插以及分株的方法进行繁殖。

（1）压条繁殖

压条繁殖最好选择在梅雨季节，截取2～4根长枝条，将其聚集在一处并稍微刻伤，再将刻伤后的枝条埋到3～4cm的培养土中，2个月左右就能生根。

（2）扦插繁殖

扦插繁殖多选择在5～7月进行，截取长为5～7cm的带节间枝条进行扦插，1个月左右就能生根。

（3）分株繁殖

分株繁殖往往选择在春季换盆时进行。

五十四、白花紫露草栽培与养护

别名　淡竹叶、水竹草

1. 形态特征

白花紫露草（图3-54）为多年生常绿草本植物。白花紫露草有匍匐茎，上面可见紫红色光晕，节处膨大，贴地的茎节上长有根部；长椭圆形的叶互生，先端尖，长大概为4cm；叶面呈绿色，有白色条纹，富有光泽。白花紫露草为伞形花序，开白色的小花，有2枚阔披针形苞片，夏秋两季为花期。白花紫露草的叶色漂亮，常常用于装饰书橱、几架，也可作为吊挂廊下的观叶花卉。

2. 生长习性

白花紫露草喜在温暖潮湿、有充足散射光照射的环境下生长，怕强光直射，对水土要求低。白花紫露草生长适温为15～25℃，冬季生长温度在5℃以上可安全越冬。

3. 栽培养护

白花紫露草栽培以疏松、透气的砂质壤土为宜，可用30%河砂、40%泥炭土、30%细蛇木屑混合配制。在生长期间，每1～2个月施稀薄的液肥1次，以不过湿为度充分浇水。夏季高温干燥期间，要多向叶面喷水。进入秋季开始控水，以备越冬。

4. 繁殖方法

白花紫露草多采用扦插的方法繁殖。剪取茎顶端或茎段，每段长度约6～12cm，去掉基部叶片，并将较大的叶面剪去1/2，插入砂中或直接插入培养土中，也可插入水中，插入深度约为插穗长度的1/3～1/2。置于荫蔽的地方，保持湿度，约2～3周可生根。

图3-54 白花紫露草

五十五、孔雀竹芋栽培与养护

别名 蓝花蕉

1. 形态特征

孔雀竹芋（图3-55）为多年生常绿草本植物。孔雀竹芋株高20～60cm，根状块茎；叶柄丛生，叶长15～25cm，宽5～12cm；叶椭圆形，革质，暗绿色，叶面上有绒状斑块，叶背为紫色。孔雀竹芋一般夏季开花，穗状花序，小花为紫红色、粉白色。

2. 生长习性

孔雀竹芋喜温暖湿润、半遮阴的环境，不能在阳光下暴晒，不耐寒，不耐干旱。孔雀竹芋生长适温为20～28℃，冬季生长温度最好不要低于15℃。

3. 栽培养护

孔雀竹芋生长季为5～9月，要将其置于半阴处，保持50%左右的透光率，避免烈日直射。全阴或全阳的环境不利于植株生长，室内过于阴暗时叶面斑纹暗淡无光，而长期阳光直射也会造成卷叶焦边，冬季可接受透过玻璃的直射阳光。孔雀竹芋比较喜湿润，但盆内不能积水。可根据环境条件和盆土基质等情况灵活掌握浇水次数和浇水量，生长期要给予充足的水分，尤其是春夏季除保持盆土湿润外，还需经常向叶面喷水以增加空气湿度。空气湿度最好能达到70%左右，空气过于干燥，盆土发干，叶枕缺水，植株呈萎蔫状态。当温度、湿度适宜，孔雀竹芋的叶枕内充满水分时，则叶片直立，生机勃勃。

图3-55　孔雀竹芋

秋末后应控制浇水，以利于抗寒越冬。冬季应根据室内温度合理浇水，室内温度低时应控制浇水，室内温度高于20℃时应增加浇水量和空气湿度。孔雀竹芋比较喜肥，缺肥时植株矮小，叶色暗淡，失去光泽。生长期可每月施1次稀薄的液肥，氮、磷、钾比例应为2∶1∶1，可结合浇水进行，将肥料按倍数溶解在水中浇灌根部即可，但配制浓度不要过高，薄肥勤施有利于植株生长。冬季和夏季停止施肥。孔雀竹芋喜疏松肥沃、排水透气性好的微酸性土壤，在碱性的土壤中生长不良，忌用黏重的园土。可用腐叶土（或泥炭土）3份、锯末1份、沙子1份混合配制，并加少量腐熟的豆饼作基肥。一般每2年换盆1次。

4. 繁殖方法

孔雀竹芋多用分株繁殖。一般在5～6月份结合换盆换土进行。如果繁殖的过早，气温较低，伤口愈合慢，易引起腐烂，则很难成活。分株时将母株从盆内倒出，除去宿土，用利刀沿地下根茎生长方向，将生长茂密的植株切开，要保证每株有2～3个蘖芽和5个以上叶片，并且要多带些根系，这样利于成活。切口处涂上木炭粉以防伤口腐烂。分切后立即上盆浇水，置半阴处，一周后逐渐移至光线明亮处。栽培初期宜控制水分，待发新根后再充分浇水。

五十六、鹿角蕨栽培与养护

别名　鹿角羊齿、蝙蝠蕨、二叉鹿角蕨

1. 形态特征

鹿角蕨（图3-56）为多年生附生类观赏植物。鹿角蕨株高40～60cm，根状茎肉质，短而横卧，有淡棕色鳞片；叶2列，直立或下垂，无柄。叶有两种类型，一种为裸叶，也称不育叶，圆盾状，紧贴根茎处，密披银灰色星状毛；另一种为实叶，又称生育叶，

直立，基部渐狭，柄极短，叶片长可达60cm，先端呈2～3次叉状分裂，裂片下垂，两面披星状毛。鹿角蕨嫩叶为灰绿色，成熟叶深绿色，叶背着生孢子囊群，成熟孢子为绿色。

2. 生长习性

鹿角蕨喜高温、湿润及半阴的环境，喜散射光，怕强光。鹿角蕨常附生于树干分枝、树皮干裂处，有的也生长在浅薄的腐叶土或石块上。鹿角蕨不耐寒，生长适温为20～28℃，冬季生长温度最好不低于10℃，短时间能耐6℃的低温。

3. 栽培养护

鹿角蕨在夏季切忌烈日直射，在室外养护应置于树荫或荫棚下。冬季可适当增加光照，以提高抗寒力。蕨类植物都喜湿度大的环境，相对湿度最好为70%～80%，空气干燥时叶片易干枯。夏季生长旺盛期需多浇水，并经常向叶片及花盆周围喷水，保持栽培环境有较高的空气湿度，有利于营养叶和孢子叶的生长发育。冬季需放在室内养护，室温较低时应少浇水，鹿角蕨在稍干燥状态下更能安全越冬。在生长旺季，每月施1次稀薄饼肥水或氮钾混合的化肥。为了增加叶片的美观，在春季往叶上喷1～2次0.5%的磷酸二氢钾溶液，可使叶片嫩绿、肥厚。栽培土可用腐叶土加入少量的蕨根、苔藓及腐熟饼肥作基质。每年应在成型鹿角蕨的盆中补充腐叶土或苔藓，以利于新孢子体的生长发育。

4. 繁殖方法

鹿角蕨多采用分株繁殖和孢子繁殖。

（1）分株繁殖

一般于4月下旬进行，从母株上选择健壮的鹿角蕨子株，用利刀沿角状的营养叶底部和四周轻轻切开，带上吸根，栽进盆中，并盖上苔藓保湿，置于遮阴、温暖处，要经

图3-56　鹿角蕨

常喷水以保持较高的空气湿度。

（2）孢子繁殖

将泥炭和细砂经高温消毒后，装入播种盆内，压平。收集成熟孢子均匀撒入盆内，从盆底浸水后，盆口盖上塑料膜，并保持较高的室内温度。将播种盆放置在温暖湿润的环境里，一般播种后到孢子体长出新叶需2个多月。在喷水过程中，喷水的压力不要过大，以免冲刷盆土表面而影响孢子的发芽。

五十七、蟆叶秋海棠栽培与养护

别名　王秋海棠、毛叶秋海棠、马蹄秋海棠

图3-57　蟆叶秋海棠

1. 形态特征

蟆叶秋海棠（图3-57）为多年生草本植物。蟆叶秋海棠株高20～40cm，没有地上茎，地下根状茎平卧生长，茎为块茎，茎叶柔嫩多汁，含有丰富的水分。蟆叶秋海棠叶形优美，叶色绚丽，有银白、粉红、红、绿、黑等多种颜色。

2. 生长习性

蟆叶秋海棠喜在温暖潮湿的半阴环境下生长，在充足的散射光照射下，叶片会变得更加美观。蟆叶秋海棠白天生长适温为21～24℃，夜晚生长适温为16～18℃。

3. 栽培养护

栽培蟆叶秋海棠可以选择有明亮散射光的环境，避免强烈日光直射。夏天可以移到较通风凉爽处，冬天搬到室内避免寒流。栽培基质最好用通气性佳的腐叶土或肥沃的砂壤土。

4. 繁殖方法

蟆叶秋海棠在5～6月份进行叶插繁殖。具体操作是留叶柄1cm，将叶片剪成直径6～7cm大小，插入砂床，叶片一半露出基质，保持室温20～22℃，插后20～25天生根。蟆叶秋海棠春季换盆时可进行分株繁殖。

五十八、白鹤芋栽培与养护

别名 白掌、银苞芋、一帆风顺等

1. 形态特征

白鹤芋（图3-58）为多年生草本植物。白鹤芋株高约25～35cm，有短根茎；叶长椭圆状披针形，两端渐尖，叶脉明显，叶柄长，基部呈鞘状。白鹤芋花葶直立，高出叶丛，星叶状，由一块白色的苞片和一条黄白色的肉穗所组成，形似手掌。

2. 生长习性

白鹤芋生性强健，喜温暖湿润、半阴的环境，对湿度比较敏感，可以水养。白鹤芋生长适温为22～28℃，冬季生长温度不低于14℃。

图3-58 白鹤芋

3. 栽培养护

白鹤芋盆栽最好选择富含有机质且疏松肥沃的培养土进行栽培。一般情况下，可采用腐熟锯末、腐叶土和河砂以及珍珠岩等混合而成的营养土当作栽培基质。白鹤芋忌强光直射，盛夏季节需要进行60%～70%的遮阴处理。在其生长旺盛期时，需保持盆土潮润，每15天施1次肥。白鹤芋在栽培过程中需要多浇水，尤其在高温干燥的夏天，除了让盆土维持湿润以外，还需要对叶面进行喷水降温。

4. 繁殖方法

白鹤芋多采用分株和播种的方法进行繁殖。

（1）分株繁殖

生长2年以上的健壮植株都可以进行分株繁殖，一般于春季结合换盆进行。新芽生出之前，将整个植株从盆中倒出，去掉宿土，在株丛基部用利刀将根茎切开，分成数丛，每一小丛最好能有3个以上的茎和芽，这样新株会更加丰满匀称。尽量多带些根系，以利于新株较快地抽生新叶。

（2）播种繁殖

在温室中经过人工授粉，可获得白鹤芋种子。白鹤芋种子成熟后最好随采随播。由于白鹤芋种子在温度过低或湿度过大的环境下进行播种容易导致腐烂发霉，因此，只有在25℃左右的温度下进行播种最为适宜。

五十九、一叶兰栽培与养护

别名 苞米兰、高粱叶、一帆青、蜘蛛抱蛋等

1. 形态特征

一叶兰（图3-59）为多年生常绿草本植物。根状茎短粗横生，有节和鳞片。一叶兰的叶长阔披针形，全缘革质，深绿色有光泽，长25～70cm，叶鞘3～4枚，基部狭窄，叶柄长，一叶一柄，故名一叶兰。一叶兰花期为4～5月，花单朵生，外面紫色，里面深紫色，蒴果球形，似蜘蛛卵，因此也叫蜘蛛抱蛋。

2. 生长习性

一叶兰喜温暖湿润、半阴的环境，较耐寒，耐阴性强，忌空气干燥和阳光直射。一叶兰生长适温为18～26℃，越冬温度不宜低于5℃。

3. 栽培养护

一叶兰适合在室内明亮的地方生长，不能放在直射阳光下，短时间的日光暴晒也可能造成叶片灼伤、枯焦，降低观赏价值。一叶兰耐阴性较强，但长期置于过于阴暗的环境不利于新叶的萌发和生长，最好每隔一段时间将其移到光线明亮的地方养护。一叶兰喜欢湿度大的栽培环境，生长季要充分浇水，保持盆土湿润，并经常向叶面喷水增湿，以利于新芽的萌生，但应避免盆土积水，否则会引起落叶或根系腐烂死亡。秋末、冬季要减少浇水量，并停止施肥。春夏季生长旺盛期每月施液肥1～2次，以保证叶片青翠

图3-59　一叶兰

光明亮。施肥用量做到宁少勿多，施肥过量容易烧根。一叶兰对土壤要求不严，盆栽以疏松肥沃的微酸性砂质壤土为好。一叶兰盆土可采用腐叶土3份、园土1份、砂1份、厩肥和砻糠灰各0.5份，均匀混合。

4. 繁殖方法

一叶兰多采用分株繁殖，一般结合春季翻盆换土进行。先将植株从盆中倒出，剔去宿土，剪除老根及枯黄叶片，用利刀分成数丛，使每丛带3～6片叶子并多带些新芽，然后分别上盆种植。栽培时注意扶正叶片，种植不要太深，栽后置于半阴环境下养护，以后保持盆土湿润，一般分株2年后便可长成丰满的株型。

六十、金脉单药花栽培与养护

别名　花叶爵床、金苞花、单药爵床、

1. 形态特征

金脉单药花（图3-60）为多年生草本植物。金脉单药花长椭圆形的叶片对生，全缘且微向内卷，深绿色的叶片上脉络呈淡黄色、黄色。金脉单药花开黄色的花朵，花为顶生穗状花序，花期为7～9月。

图3-60　金脉单药花

2. 生长习性

金脉单药花喜温暖潮湿的环境，喜光照，耐阴性强，忌强光直射；喜空气湿润，怕寒冷，忌炎热干旱。金脉单药花栽培宜用疏松肥沃、排水良好、富含有机质的酸性砂壤土。金脉单药花生长适温为20～30℃。

3. 栽培养护

金脉单药花室内养护期间，应将其搁放在有明亮光线的场所。如果光线过暗，易引起金脉单药花的枝叶徒长、金色粗大脉纹隐褪。盆栽要求有充足的水分，水分稍有不足，叶片易凋萎下垂，尤其是在夏季高温期间更为明显。冬季室温低，植株处于休眠状态，应减少浇水或改浇水为喷水，以免低温条件下盆土过湿导致烂根。可用腐叶土5份、园土3份、沙或珍珠岩2份，内加少量沤制过的饼肥末混合配制培养土。金脉单药花生长期间每月给植株松土1～2次，以免因盆土板结导致植株烂根。金脉单药花施肥应以“薄肥勤施”为原则，在生长期间每月追施稀薄液肥1～2次。秋末冬初植株进入休眠后，应停止追肥。

4. 繁殖方法

金脉单药花多采用扦插和分株的方法进行繁殖。

（1）扦插繁殖

在5～6月剪取组织充实但尚未老化的枝条，或带顶芽的梢端，每段长8～12cm，剪去下部的叶子，只保留上部的2～3片叶子。将其扦插于砂、蛭石或砻糠灰与河砂混合配制的基质中，蒙罩塑料薄膜保湿，遮光40%～50%，40～50天后即可生根。在早春用一年生枝条扦插，用生根粉药液浸泡插穗下切口10秒钟，可加快生根速度，生根效果也会更好。

（2）分株繁殖

春季结合换盆进行分株繁殖。将大丛植株从花盆中倒出，抖去部分宿土，从根茎结合薄弱处切开，对过长的根系略作修剪，对中下部茎干进行修剪，再用新培养土栽培。

六十一、白网纹草栽培与养护

别名 费道花、费道尼亚、费道花、

1. 形态特征

白网纹草（图3-61）为多年生矮小常绿草本植物。白网纹草植株低矮，约5～20cm高，枝条斜生，不直立，呈匍匐状蔓生。白网纹草的叶为十字对生，卵形或椭圆形，茎枝、叶柄、花梗均密被茸毛，匍匐茎节易生根，红色叶脉纵横交替，形成网状。白网纹草为顶生穗状花序，盛夏时花着生于茎顶，开黄色小花。

2. 生长习性

白网纹草喜高温高湿、半阴的环境，不耐寒，对温度反应特别敏感；喜湿润，怕积水，怕干旱和空气干燥；喜凉爽，怕炎热；喜明亮散射光，怕强光暴晒。白网纹草栽培适宜富含腐殖质的砂壤土，生长适温为20～25℃。

3. 栽培养护

白网纹草的越冬温度不能低于12℃，冬季室温降至8℃时，要用电热取暖器加温。光线太强并伴有35℃以上的高温时，植株生长缓慢且矮小，叶片卷缩并失去原来的色彩，严重影响其观赏价值。家庭种养白网纹草夏季可将其搁放于北窗内侧，冬季可搁放于南窗内侧。白网纹草在生长季节既要保持盆土湿润，又要维持较高的空气湿度，并经常给叶面喷水，但叶面不能滞水，滞水过多过久易引起叶片腐烂和脱落，或引起茎干腐烂死亡；秋末至早春，宜用微温的水浇灌或喷雾。冬季若水温太低根系受刺激后易导致其死亡，应保持盆土微干，否则在低温条件下，盆土过湿也易造成植株死亡。白网纹草在生长季节可将盆栽放于大盆中给予短时间浸泡，让其充分吸水，一般2～3天后盆土还能保持比较湿润的状态。

白网纹草栽培基质通常用园土4份、泥炭土（或腐叶土）4份、河砂1份和少量沤制过

图3-61　白网纹草

的饼肥末混合配制，也可直接用珍珠岩、蛭石等作无土栽培。白网纹草在生长季节每月可于施肥前松土1次，搁放于室外的植株阴雨天要防止盆内积水。一般情况下，可于每年的4月结合枝条的修剪，进行1次翻盆换土。在白网纹草的生长季节可每半个月追施1次稀薄液肥或复合肥，家庭种养可浇施营养液。

4. 繁殖方法

白网纹草多采用扦插、分株以及组培的方法进行繁殖。

（1）扦插繁殖

温室中全年均可进行，但以4～9月扦插效果最佳。长江流域多在4～5月剪取长出盆面的匍匐茎顶端，长10cm左右，带3～4个节，摘去基部一节的对生叶片，切口稍晾1～2个小时。将其扦插入干净的素砂、珍珠岩或蛭石中，喷足水，保持20～25℃的生根适温，搁放于避开强光处，2～3周即可生根，一个月后扦插苗就可以移栽上盆。

（2）分株繁殖

在湿度较大的环境中，那些匍匐于土面的茎节能长出较多的气生根。将长有气生根的枝蔓剪下，可直接上盆栽种，每盆栽植3～5株，加强摘心和水肥管理，可很快长满盆。

（3）组培繁殖

用茎节和茎尖作外植体进行组培，可在3个月内获得大量可供上盆的植株。

第四章　藤本及其他类观叶花卉栽培与养护

一、绿萝栽培与养护

别名　黄金葛、魔鬼藤、黄金藤

1.形态特征

绿萝（图4-1）为多年生常绿藤本植物。绿萝多分枝，常攀缘生长在岩石和树干上，最高可以长到20m。绿萝茎蔓粗壮，茎节处有气根，幼叶卵心形，成熟的叶片为长卵形，浓绿的叶面上通常有黄白色不规则的斑点或条斑。

图4-1　绿萝

2.生长习性

绿萝喜半阴、湿润的环境，不耐旱。绿萝生长适温为15～25℃。

3.栽培养护

绿萝对土壤有一定要求，以疏松、富含有机质的微酸性土和中性砂壤土为佳。盆栽可用腐叶土、田土、珍珠岩等混合配制基质，商业生产多用泥炭栽培。绿萝生长期要保持土壤湿润，干燥季节要向植株喷水，保持空气湿润。冬季应防止盆土积水，低温高湿

易导致根系腐烂。生长期每月施肥1～2次，以氮肥为主。入冬前增施磷钾肥，增强植株的抗性。

4. 繁殖方法

绿萝主要采用扦插的方法进行繁殖。用10～15cm长的芽作插穗，最容易成活而且长势快。也可用2～3节的茎段作插穗，插入砂床，10～15天生根发芽，1个月可上盆定植。

二、合果芋栽培与养护

别名 长柄合果芋、紫梗芋、剪叶芋、白蝴蝶

1. 形态特征

合果芋（图4-2）为多年生常绿草本植物。合果芋茎节长有气生根，能攀附生长。合果芋叶片呈两型性，幼叶呈戟形或箭形单叶，叶色较淡；成熟的老叶深绿色，叶质变厚，外形呈掌裂，有3裂、5裂或多裂不等。合果芋品种较多，叶色有斑纹、斑块或全绿等。

2. 生长习性

合果芋喜高温、多湿的半阴环境，怕烈日，怕干旱，不耐寒。合果芋生长适温为22～30℃，冬季生长温度在5℃以下叶片会出现冻害。

3. 栽培养护

合果芋栽培以疏松肥沃和排水良好的砂质壤土为宜。合果芋盆栽适合腐叶土、泥炭土和粗砂的混合土，也适合无土栽培。合果芋应摆放在明亮散射光下，夏秋季需适当遮阴，避免强光直射。春、夏、秋季生长期要多浇水，保持盆土湿润，但勿积水。天气炎热时还应对叶面喷水或淋水。合果芋冬季有短暂的休眠，可控制水分，但不可让盆土干透。合果芋生长期每2周浇施1次稀薄液肥，每月喷1次0.2%硫酸亚铁溶液，可保持叶

图4-2　合果芋

色翠绿。

4. 繁殖方法

合果芋主要采用扦插的方法进行繁殖，也可用分株繁殖。

三、白蝶合果芋栽培与养护

别名 白蝴蝶合果芋

1. 形态特征

白蝶合果芋（图4-3）为室内观叶植物。白蝶合果芋叶片为盾形，叶长12～15cm，宽7～8cm，叶色淡绿，中部浅白绿色或黄白色，边缘有绿色斑块和条纹。

图4-3 白蝶合果芋

2. 生长习性

白蝶合果芋喜在光照充足的温暖环境下生长，忌强光直射，不耐寒。白蝶合果芋生长适温为16～26℃，在低于15℃的环境下生长缓慢。华东地区冬季，需要将白蝶合果芋盆栽移到温暖的室内，温度保持在5℃以上可安全越冬。

3. 栽培养护

白蝶合果芋具有很强的适应性，即便将植株放置到光线很差的角落里也能生长良好，为了有利于白蝶合果芋的叶片花纹生长，最好将其放置在有充足的散射光照射环境下进行养护。白蝶合果芋的叶柄生长得又嫩又脆，叶柄又很长，很容易折断，因此，当植株在室外种植时，最好在避风的地方进行养护，以免植株叶片遭受风害。

白蝶合果芋对盆土的要求很低，普通的园土掺砂作为培养土也能生长良好。到了盛夏季节，需要每天早上和傍晚分别给白蝶合果芋盆土浇足水，以确保盆土湿润，此外，还要给叶面喷雾若干次，以增加空气湿度。在其生长旺盛期时，每个月还要施加1次腐熟的饼肥液肥，一定不能施加氮肥，只有这样才能让植株长得枝繁叶茂，更具有观赏性。

4. 繁殖方法

白蝶合果芋采取扦插繁殖极易成活，除冬季外其他季节均可进行。

四、吊兰栽培与养护

别名 挂兰、垂盆草、兰草、折鹤兰

1. 形态特征

吊兰（图4-4）为多年生常绿草本植物。吊兰叶片细长柔软，四季常绿；叶腋中可抽生出小植株，向四周舒展散垂，形似展翅跳跃的仙鹤；夏季开小白花，花蕊黄色。吊兰常见的栽培品种有金边吊兰、金心吊兰、银边吊兰、宽叶吊兰等。

图4-4 吊兰

2. 生长习性

吊兰喜温暖湿润的半阴环境，忌强光直射，较耐旱，不耐寒。

3. 栽培养护

吊兰对土壤有一定的要求，以疏松肥沃、排水良好的砂质土壤为佳。盆栽可选用腐叶土、塘泥及泥炭等栽培，也可用腐叶土、田土及珍珠岩等混合配制营养土。应保持吊兰盆土湿润，特别是干燥的季节不仅要保持土壤有充足的水分，还要每天定期向叶面喷水保湿。土壤及空气湿度过低时，叶尖容易干枯。每10～15天施肥1次，以氮肥为主，配施磷钾肥。

4. 繁殖方法

吊兰可采用扦插、分株、播种等方法进行繁殖。

五、常春藤栽培与养护

别名 土鼓藤、钻天风、三角风、

1. 形态特征

常春藤（图4-5）为多年生常绿木质藤本植物。常春藤有气生根，有灰棕色或黑棕色的光滑茎秆，单叶互生；叶柄没有托叶，有鳞片；花枝上的叶片为椭圆状披针形，伞形花序单个顶生，开淡黄白色或淡绿白色的花朵，黄色的花盘隆起。常春藤圆圆的果实有红色和黄色两种颜色，花期为9～11月，果期为第二年的3～5月。

2. 生长习性

常春藤喜温暖湿润和半阴的环境，较耐寒，耐潮湿，但不耐干旱和积水。常春藤怕干风，忌盐碱，怕烈日暴晒，能生长在全光照的环境中，在温暖湿润的气候条件下生长良好。常春藤对土壤要求不严，不耐盐碱，栽培以疏松肥沃、排水良好的砂壤土为宜。常春藤生长适温为15～28℃。

3. 栽培养护

常春藤在夏季气温高达30℃以上时，需要遮阴、洒水等措施，冬季应将其搬放到能维持5℃以上气温的室内。常春藤生长季节应浇足水、维持盆土湿润、不积水，并多向

图4-5 常春藤

叶面喷水，保持较高的空气湿度。秋末冬初应减少浇水或改浇水为喷水，维持盆土稍湿润即可。盆栽常春藤植株应每年换盆1次。常春藤生长季节可每月施稀薄的饼肥水1次。

4. 繁殖方法

常春藤常选择用扦插、嫁接以及压条的方法进行繁殖。

(1) 扦插繁殖

常春藤进行扦插繁殖的时间以春秋两季为佳，剪取2年生健壮茎蔓，长15～20cm，3～4节，保留上部的2～3个叶片，下切口最好位于节下，将其扦插于砂壤、蛭石或泥炭土等基质中，维持20～25℃的生根适温，约20天即可生根。还可用水插法育苗。

(2) 嫁接繁殖

常春藤多以绿叶品种的健壮植株作砧木，嫁接镶边、皱叶、冰纹等优良品种，采用劈接法，室温控制在15～20℃，较易成活。另外，也可以熊掌木为砧木，采用十字形劈接法，一次嫁接4个接穗。

(3) 压条繁殖

地栽常春藤可在生长季节采用波状压条，易生根，成苗快。

六、紫藤栽培与养护

别名 藤萝、朱藤、黄环

1. 形态特征

紫藤（图4-6）为落叶攀缘缠绕性藤本植物。紫藤的茎呈右旋状，枝较为粗壮，嫩枝有一层白色的柔毛；奇数羽状复叶的长度为15～25cm，线形托叶很早就会脱落；小

图4-6 紫藤

叶3～6对，卵状椭圆形至卵状披针形，上部的小叶比较大，基部1对最小，长5～8cm，宽2～4cm；小叶柄的长度为3～4mm，有柔毛；紫藤在春季开花，多为紫色或深紫色的花朵，花冠为青紫色蝶形，非常漂亮。

2. 生长习性

紫藤对生长环境具有很强的适应性，较为耐寒冷，耐潮湿、干旱以及荫蔽环境。紫藤主根扎得深，侧根扎得浅，在生长期间不适合移栽。紫藤有很长的寿命，生长得很快，具有极强的缠绕能力。

3. 栽培养护

紫藤最适宜种植在深厚肥沃且具有良好排水性的土壤中，每年需要施加2～3次复合肥，土壤需保持湿润，忌水涝。要想保持植株的观赏性，需要对当年生的新枝进行回缩处理，即用剪刀剪去新枝的1/3～1/2，与此同时，最好将细弱枝、枯枝等分枝统统剪除。

4. 繁殖方法

紫藤主要采用播种繁殖和扦插繁殖。紫藤进行扦插繁殖所用的插条多采用硬枝插条。具体操作是在3月中下旬枝条萌芽之前，选取1～2年生的粗壮紫藤枝条，修剪成15cm左右长的插穗，插到提前准备好的苗床中，扦插的深度为插穗长度的2/3为宜。另外，需要对扦插后的土壤进行喷水保湿，加强养护，保持苗床处于潮润状，这样能确保很高的成活率，当年扦插的植株能长到20～50cm高。

七、使君子栽培与养护

别名 留求子、史君子、四君子

1. 形态特征

使君子（图4-7）为攀缘状灌木植物。使君子植株能长到2～8m高，小枝往往被棕黄色短柔毛。使君子叶对生或接近对生，卵形或椭圆形的叶片有膜质，先端短渐尖，基部为钝圆，表面没有毛，背面有时稀疏地被棕色柔毛，初生的叶片往往密生锈色柔毛。使君子为顶生穗状花序，构成伞房花序式；苞片卵形至线状披针形，具有明显的5条锐棱角。使君子花期在初夏，果期在秋末。

2. 生长习性

使君子喜在温暖潮湿、光照充足环境下生长，耐半阴，不耐干旱和寒冷。使君子在光照充足时开花更繁茂。使君子对土壤要求不严，在富含有机质的肥沃砂质壤土中生长最为适宜。

3. 栽培养护

使君子进行上盆定植1～2年后，需要常常松土除草，每年还要追施2～3次有机肥。当使君子进入结果期后，需要在萌芽时与采摘果实后各追施1次有机肥。冬季要注意培土或覆盖杂草到基部进行防寒保温。每年早春或采果后，需要为使君子修剪整形1次，让枝条分布均匀，更具有观赏价值。在定植的时候，最好在基质中放进去一些富含腐殖

图4-7　使君子

质的基肥，注意浇水，适当追施一些液肥，促进使君子生长旺盛，开花繁盛。

4. 繁殖方法

使君子主要用播种、分株、扦插和压条的方法进行繁殖。

(1) 播种繁殖

在每年秋季采摘成熟的饱满果实，采用随采随播或混湿砂贮藏春播的方式进行播种繁殖。当使君子的实生苗长到30cm左右的高度时，就能进行定植。

(2) 分株繁殖

每年3月份，取健壮的使君子母株的萌蘖进行移栽。

(3) 扦插繁殖

使君子进行扦插繁殖主要包括枝插法和根插法。

① 枝插法。在每年的2～3月或9～10月，截取1～2年生的使君子健壮枝条作为插条，插条的长度为20～25cm，斜插到苗床中，到第2年再进行上盆移植。

② 根插法。在12月到第2年的1～2月份，将距离主根30cm之外的部分侧根用利刀切断挖出，挑选径粗1cm以上的剪成大概20cm长的插条，扦插到苗床中，生长1年后再进行上盆移植。

(4) 压条繁殖

截取2～3月的使君子健壮长枝，弯曲埋到培养土中，或者采取波状压条，生根后直接截取移植。

八、心叶蔓绿绒栽培与养护

别名 心叶藤、绿宝石喜林芋、杏叶蔓

1. 形态特征

心叶蔓绿绒（图4-8）为多年生藤本植物。心叶蔓绿绒具有很强的攀缘性，深绿色的叶片多为心形，叶柄很长且比较粗壮，气生根也非常发达粗壮；绿色的先端比较尖，革质；叶片比较宽且肥厚，呈羽状深裂，富有光泽；茎秆较短，成株有气生根，叶长圆形，长约为30cm，富有光泽。

2. 生长习性

心叶蔓绿绒喜温暖湿润的半阴环境，怕严寒，忌强光，适宜在富含腐殖质、排水良好的基质中生长。冬季越冬温度最好不低于10℃。当温度在25～32℃之间时，保持空气湿度在70%的时候生长最快。心叶蔓绿绒具有很强的适应性，对环境条件要求很低。

3. 栽培养护

心叶蔓绿绒所需的基质最好选择具有良好排水性的腐叶土，土壤呈微酸性最为适宜。在其生长旺盛期时，应该每个月施加1次稀薄肥料。冬季应放置到室内的窗台进行养护，春秋两季可将其放置到室内的其他地方，盛夏季节需要进行遮阴处理，盆土应保持湿润且每天都要向叶面喷水降温，可适量向叶片喷洒氮肥。

4. 繁殖方法

心叶蔓绿绒可采用扦插、播种、分株方法进行繁殖。

图4-8 心叶蔓绿绒

（1）扦插繁殖

心叶蔓绿绒进行扦插繁殖最好在5～9月进行，具体操作是剪取心叶蔓绿绒植株上健壮的2～3节茎干，直接扦插到粗砂或水苔中，保持盆土湿润，温度维持在22～24℃，扦插后的茎干在20～25天后即可生根。

（2）播种繁殖

采用室内育苗盘播种，发芽适温为25～30℃，播后10～15天发芽，待苗高5～6cm可移盆。

（3）分株繁殖

当植株生长较高时，可剪取带气生根的侧枝直接盆栽或先行摘心，促使多长分枝，待侧枝有15～20cm时，带气生根一并剪下进行盆栽。

九、红宝石喜林芋栽培与养护

别名　红柄喜林芋、新红蔓绿绒、红宝石

1. 形态特征

红宝石喜林芋（图4-9）为多年生常绿藤本植物。红宝石喜林芋茎粗壮，节部有气生根。红宝石喜林芋为单叶互生，叶片长心形，长18～30cm，宽12～20cm，叶全缘，先端渐尖，基部心形，叶片有光泽，叶柄、叶背和幼叶常为暗红色。同属中还有绿宝石喜林芋，形态相似，但茎和叶柄、嫩梢、叶梢皆为绿色。

2. 生长习性

红宝石喜林芋喜温暖湿润和半阴的环境，怕强光直晒，不耐寒，不耐干旱。红宝石喜林芋喜疏松肥沃、富含腐殖质的微酸性土壤，生长适温为28～32℃。红宝石喜林芋越冬温度最好在15℃以上。

3. 栽培养护

红宝石喜林芋喜欢散射光照，长期光照不足会影响光合作用，使新叶变小，节间变长，叶色暗淡无光，影响观赏效果。家庭养护可放在室内光线明亮处培养，夏季避免强光直射，可将植株放在阴凉通风处养护，冬季宜放在避风、温暖、阳光充足处。经常用水擦去其叶面上的灰尘，可使叶面光亮青翠，有利于光合作用。红宝石喜林芋喜湿润，5～10月需保持盆土湿润和较高的空气湿度。

红宝石喜林芋在夏季和干旱季节除每天浇水1～2次外，还需向叶片和花盆四周喷水，以利于增湿降温。冬季室内温度较高时，浇水要做到“见干见湿”，但以偏干为好。盆栽土可用腐叶土和园土加少量的河砂混合，盆中设一根棕皮扎制的立柱，每盆栽3～4株，稍加绑缚，经常向立柱喷水让其气生根扎入棕皮中，顺柱向上生长，植株长大后可根据喜好合理绑扎，使茎蔓分布匀称美观。也可将盆栽置于高处，任其自然下垂生长成为悬垂植物。生长季节每月施1～2次稀薄饼肥水或复合肥。养分充足时，红宝石喜林芋叶片肥大光亮，叶柄呈紫红色。缺肥时植株颜色暗淡，长势衰弱，降低了观赏价值。

图4-9　红宝石喜林芋

4. 繁殖方法

红宝石喜林芋常用扦插繁殖。扦插一般在5～6月份进行，切取2～3节带1～2张叶片的茎蔓，有气生根的枝条更易成活，插入泥炭土或腐叶土为主的基质中，每盆插3～4根，插后浇透水，置于半阴处养护，注意保温保湿，在20～25℃的条件下约20天插穗便可生根。

参考文献
References

[1] 吴棣飞. 观叶植物栽培百科图鉴. 长春：吉林科学技术出版社，2015.

[2] 犀文图书. 观叶植物养护指南. 北京：中国农业出版社，2015.

[3] 王意成. 观叶识植物. 南京：江苏科技出版社，2014.

[4] 麦唛工作室. 观叶植物巧栽培. 武汉：华中科技大学，2011.

[5] 马西兰. 观叶植物种植与欣赏. 天津：天津科技翻译出版公司，2012.

[6] 王凤祥. 百合科观叶植物. 北京：中国农业出版社，2012.

[7] 王意成. 轻松学养观叶植物. 南京：江苏科学技术出版社，2010.

[8] 张明丽. 流行观叶植物巧种易养. 长春：吉林科学技术出版社，2009.

[9] 徐晔春. 家居健康与禁忌. 天津：百花文艺出版社，2004.

[10] 王路昌. 观叶植物1000种经典图鉴. 长春：吉林科学技术出版社，2015.

[11] 蒋青海. 观叶盆栽一养就活. 南京：江苏科学技术出版社，2013.

[12] 胜地末子. 懒人植物园：多肉植物、空气凤梨、观叶植物设计手册. 北京：水利水电出版社，2014.

[13] 余树勋. 中国名花丛书. 上海：上海科学技术出版社，2000.

[14] 谭阳春. 图说盆栽养护这点事. 沈阳：辽宁科学技术出版社，2012.

[15] 劳秀荣，张昌爱. 家庭花卉种植技巧点拨. 北京：中国农业出版社，2014.

[16] 张光宁，顾永华，汪毅. 室内植物装饰. 南京：江苏科学技术出版社，2004.

[17] 冷平生，侯芳梅. 家庭健康花草. 北京：中国轻工业出版社，2007.